最好的厨房

24 小时的美食慰藉

锦食堂　著

中国盲文出版社

中国轻工业出版社

图书在版编目（ＣＩＰ）数据

最好的厨房：24 小时的美食慰藉：大字版/锦食堂著.

—北京：中国盲文出版社，2015.6

ISBN 978－7－5002－6026－4

Ⅰ．①最…　Ⅱ．①锦…　Ⅲ．①菜谱　Ⅳ．①TS972.12

中国版本图书馆 CIP 数据核字（2015）第 131810 号

最好的厨房

著　　　者：锦食堂

责任编辑：贺世民

出版发行：中国盲文出版社

社　　　址：北京市西城区太平街甲 6 号

邮政编码：100050

印　　　刷：北京汇林印务有限公司

经　　　销：新华书店

开　　　本：787×1092 1/16

字　　　数：130 千字

印　　　张：13.5

版　　　次：2015 年 8 月第 1 版　2015 年 8 月第 1 次印刷

书　　　号：ISBN 978－7－5002－6026—4/TS・119

定　　　价：29.00 元

编辑热线：（010）83190266

销售服务热线：（010）83190297 83190289 83190292

目 录

早 餐

01 番茄蛋包饭——最好的厨房 /2

02 卤汁肉夹馍——伪女神与路边摊 /5

03 芦笋鲜虾蒸蛋——虾子结婚 /9

04 金枪鱼沙拉——吃早晨的人 /12

05 米汉堡——《蜗牛餐厅》里的理想之光 /15

06 番茄鸡蛋吐司——番茄炒蛋的仪式感 /18

07 黑芝麻糊——吃黑穿黑亦有情 /21

08 脆皮黑胡椒牛肉饼——对味儿 /25

09 厚蛋烧——小姐，请别放味精 /28

10 自制午餐肉——早餐女王 /32

午 餐

01 黄桃锅包肉——"暴发户"女儿的味觉记忆 /38

02 台式卤肉饭——五花肉收藏家 /42

03 蒜香奥尔良烤鸡腿卷——被吃掉的男女 /46

04 咸蛋豆腐蒸肉饼——咸蛋黄随遇而安 /49

05 炸猪排咖喱饭——食欲大战 /52

06 汉堡排——关于你的牛脾气 /55

07 麻辣香锅鸡翅根——舞蹈料理师 /59

08 梅干菜烧排骨——原味生活 /63

09 酸菜炒五花肉——以文字下酒 /66

10 啤酒炖牛肉——写给米饭的情书 /69

下午茶

01 红豆双皮奶——点儿童餐的大人 /74

02 姜撞奶——老男人的温度 /77

03 牡丹饼——点心有毒 /80

04 素食绿豆酥——体贴你的全素食 /84

05 糖桂花蒸山药——淀粉食物的安全感 /87

06 香煎南瓜饼——甜蜜伤口 /90

07 紫薯草莓大福——橡皮刮刀之恋 /93

08 蔓越莓桃胶糖水——甜食凶猛 /95

晚　餐

01 棒骨山药汤——恋人冰箱 /100

02 彩衣皮蛋豆腐——美貌的豆腐 /103

03 海带萝卜排骨汤——24 小时的情分 /106

04 蟹味豆腐丝——温柔地吃你 /108

05 奶油炖杂蔬——谁是你的菜 /112

06 栗子淮山鸡汤——全脂人生 /115

07 新派麻酱口水鸡——口水争锋 /118

08 东北蒜茄子——好男人如绿色蔬菜 /121

09 番茄丝瓜炒蛋——为接地气啖丝瓜 /125

10 酸辣拌双丝——若你爱着，请先吃饱 /128

11 鱼香杏鲍菇——胃口与幸福的燃点 /132

12 五彩麻酱肉丝拉皮——女作家的厨房 /135

夜 宵

01 孜然烤翅——洋歌手与土鸡蛋 /140

02 卤味小菜拼盘——神仙的卤味 /143

03 苏叶烤肉卷——八点档开吃 /147

04 麻酱鸡丝凉面——美食 AV 片 /150

05 酒鬼花生——餐桌在别处 /154

06 酱牛肉——老派小资的吃喝 /157

07 苏叶煎豆腐——深夜里的食客 /161

08 烤牛肉串——深夜食堂 /163

09 翡翠油泼面——烹饪，抵御孤独感的最好方式 /166

10 开洋葱油拌面——一蔬一饭，简单生活 /169

零　食

01 泡面南瓜球——泡面罗曼史 /174

02 奶香玉米——忧伤的大码食品 /178

03 烤薯条——油炸青春 /181

04 话梅苦瓜——小吃客养成记 /185

05 醋渍生花生——我敢陪你吃生 /188

06 梅干菜烧饼——美味异地恋/ /192

07 香辣卤鸡脖——独食主义，一个人的餐桌 /196

08 花生牛轧糖——剩蟹的春天 /199

09 蜜汁鹿肉脯——年的形式主义 /201

10 椒盐炸苏叶——香草传奇 /205

zǎo cān

早餐

6:00

1. ● 番茄蛋包饭——最好的厨房

参观朋友的单身新居，偌大空间，布置得空荡荡。我建议他添置这样那样，他笑嘻嘻回答："留给未来女主人布置。"又建议厨房完全可以再打一组橱柜，他也同样作答："留给未来女主人布置。"我听后唏嘘不已，这话看似可怜，但这种三十出头不肯娶妻的钻石王，精明得像一把磨得雪亮的钢针，面对感情哪里肯轻易就范？这世上太多男人肯轻易给女人一张床，却不肯许诺女人一间厨房。同样也有太多女人挑挑拣拣，总也不甘愿被哪个男人的厨房收了去。那些彼此心甘情愿钻进一间厨房里的，才凑成了婚姻。

单身时，我曾多么渴望有一间属于我的厨房，一间心甘情愿的厨房。那年大学毕业揣着文凭加入北漂一族，找到一份热血沸腾的工作，当起了勤奋的理想主义女文青。那两年住亲戚家，每月工资虽不宽裕，但也算不得艰苦。唯一算得上委屈的，是吃烦了每日汤汤水水的饭菜，心里时时念着，何时可以有间属于自己的厨房，哪怕是只在里面做蛋包饭也好呀！后来挨不住，千里迢迢回到那个男孩子身边，行李里砧板洗菜篮都已买好，风风火火钻进自己甘愿钻进的厨房里去了。那时他给得起的只是一间租住的老式公寓厨房，夜晚开灯蟑螂会窸窸窣窣爬进墙缝，连台冰箱都没有。每日与油烟亲密接触，但是那快乐是真的，乐此不疲。

后来我嫁了他，他如愿给了我一间真正属于自己的厨房，一间虽小，但可尽展所能的厨房。一切都是我想象中的样子，原木色橱柜，粉蓝马赛克，金属色的烟机、灶具，台面上有来自德国的刀具、锅具，橱柜里整齐排列着日本淘来的手绘青花碗碟。我扎着围裙每日站在这间厨房里，把每一个玻璃器皿洗得清透光亮，每个瓶瓶罐罐整齐装满各色调料，烤面包的香气在日光里弥散开来，真是快乐时光……

最近随着先生来到另一个城市、另一个家，用的是长辈留给我们的陌生厨房，最普通的锅碗瓢盆似乎没有我的厨房来得浪漫，美好的东西总被随意拿走，再塞给你别的，我开始纠结于生活的无常。吉本芭娜娜写的《厨房》，与人自有一种感情的牵连，那种睡在自家厨房冰箱旁的安心，是旁人无法体会的温暖。所以我每日在新厨房切切煮煮，疗着怀念旧厨房的"伤"，用最普通的器皿调料又怎样，总有食客给足面子，捧我为晚餐女王。

最好的厨房，从来都有慷慨的厨娘与甜嘴的食客，是最有人情味儿的厨房。

看某日本美食剧是为了江口洋介，也是为了番茄蛋包饭。剧中番茄蛋包饭是女主角夏美期盼的每天能吃到的美味。而我每每在餐厅吃简餐，番茄蛋包饭也是首选。因为酸酸甜甜的女生口味，从卖相到味道都很讨喜。家庭制作，只要掌握技巧并不是件难事。

番茄蛋包饭

用到的食材：

鸡胸肉 100 克、鸡蛋 2 个、番茄 1 个、米饭 1 碗、胡萝卜 1/2 根、甜玉米粒适量、豌豆适量、蒜 2 瓣

用到的调料：

番茄沙司 4 勺、黑胡椒粉 1/2 勺、牛奶 2 勺、黄油适量、盐适量

做　法：

1. 番茄洗净，在沸水中烫几秒钟去皮，用蔬果研磨器或料理机磨成泥状。

2. 取小锅倒入番茄泥加热，加入番茄沙司搅拌均匀，制成番茄酱。

3. 蒜、胡萝卜、鸡胸肉切小丁备用。

4. 锅内融化黄油，下鸡肉翻炒，鸡肉变色时加甜玉米粒、豌豆、胡萝卜丁翻炒，加入米饭、一半的番茄酱汁炒匀，加盐、黑胡椒粉、蒜粒调味。

5. 鸡蛋打散，加少许牛奶搅匀。

6. 另取煎锅融化少许黄油，缓缓倒入蛋液摊平，轻微形成蛋饼状离火，迅速铺上炒饭，把两边的蛋饼向中间包起。

7. 将煎锅放回到炉灶上小火加热，待蛋饼完全凝固时，将包好的蛋饼倒扣在盘中，浇上番茄酱汁即可。

2 ● 卤汁肉夹馍——伪女神与路边摊

女友几年前交往过一位文艺范儿大叔男友，因为一见钟情的那天，月老的镜头加了一片柔光镜，桥段一不小心太浪漫，剧中人又太美好。导致自此之后需每天谨慎地化一个小时的妆，以保持"完美无瑕"。每天要端着一副女神的架子，穿不落俗套的麻布白袍，戴银镯留中分直发，满目皆是琴棋书画诗酒花……

她还是偶尔打来电话声音恹恹地吐槽，说在大叔面前，不敢裸妆，不敢油头，不敢有口气，不敢多吃，甚至不敢在大叔家上厕所！身为吃货，准确点说是资深路边摊爱好者，更是不敢对街边手持麻辣烫、烤鱿鱼的姑娘投去艳羡的目光，每每路过都急急拉着大叔的手逃掉，人间烟火气太重，要赶紧回归"仙界"才好。

仙气缭绕的日子过久了，女友终于修炼成了一尊寡素的白泥坯，洁白、优雅、一尘不染，却碰不得，一碰就碎掉了。更惨的是她在梦里哭着和芥菜小馄饨告别，踉跄地奔到那个惨白世界中去……不出半年，结果当然是，分手。彼此都松了一口气。

于是女神又做回女妖，拽出箱子底花花绿绿的真丝裙子，染烈焰红唇红指甲，拉着我的手重返路边摊女的豪迈人生，当她狠狠咬下一口街边的肉夹馍，似乎所有的怨恨都在唇齿之间嚼碎，硬生生吞咽下去，再仰头喝半瓶老汽水，长出一口气，才觉人生畅快。

抛却地沟油，高嘌呤等不健康因素，路边摊真是有趣的所在，可以让人卸下所有盔甲，趿着拖鞋和刚洗过的湿漉漉的头发，目光坚定地守着一个制作中的杂粮煎饼。油炸、煎烤、五香、重辣、烟雾缭绕、嗞啦嗞啦……橘黄色的路灯温柔地覆盖着白日里的焦躁世界，打烊完毕的水果店老板要一碗加冰的冷面，咬着烤鱿鱼须的姑娘，酱汁滴到嫩脚背上，却还痴迷地欣赏男友送她的塑料手环。路边摊式的生活，是小满足、小得意、小放纵、小疯癫，是安上红鼻子，就可顺势演一出杂耍。捧得住的人生，才可接可抛。而 Hold 得住的情感，是遇见你，我变得很低很低，一直低到尘埃里，在尘埃里滚出泥球来。

所以说女神这种产物，是装不得的。天生的女神，举手投足间皆有仙气，在所有黑暗处"不灵不灵"闪光。而装成女神的女妖，需每日画皮，伪装成 PS 后的无瑕美少女，装傻卖萌，惨不忍睹。高段位的女妖，虽浅薄得可一眼看穿眼底功力，却急迫坚韧地拼杀下去，最终浴火重生，竟逐渐显露出女神的釉色来。

仙气也好，妖气也罢，说到底都是自我修炼，不造作，不依附，不逢迎，不忘初心，是自己给自己的能量，与男人无关。

西安最好吃的肉夹馍不是在著名馆子，而是在偶尔路过的每一个小巷子尽头。老板麻利地把卤肉在案板上剁碎，夹在馍中，垫上一张牛皮纸递入你手中，吃时满口馍香肉香。在西安的每一个没有肉夹馍的早晨都让人心慌。庆幸的是我也会做肉夹馍，因为用料十足，常博得家中食客赞叹，很是得意。

◆◆◆◆◆◆◆◆◆◆　卤汁肉夹馍　◆◆◆◆◆◆◆◆◆◆

用到的食材：

五花肉 500 克、中筋面粉 250 克、香菜 100 克、葱 3 段、姜 3 片

用到的调料：

冰糖 20 克，干酵母 6 克，泡打粉 5 克，料酒 2 勺，生抽 3 勺，老抽 1 勺、八角 2 个，香叶、花椒、陈皮、桂皮各适量，盐适量。

做　法：

1. 五花肉在清水中浸泡 1 小时，倒去血水，切大块。

2. 切好的肉在沸水中汆烫 3 分钟，撇去浮沫，捞出备用。

3. 香叶、八角、花椒、陈皮、桂皮包入纱布内或装入煲汤纸袋。

4. 取较深的汤锅，放入五花肉、香料包、葱段、姜片、

生抽、老抽、冰糖、料酒、盐。

5. 锅中倒入足量的清水（水面高出食材两倍左右），大火煮开转小火卤 2 小时左右。肉用筷子轻松扎透为好，卤好的肉浸泡在卤汁中备用，卤肉就完成了。

6. 中筋面粉中加干酵母、泡打粉，加入适量清水搅拌成棉絮状。

7. 揉成光滑面团，盖上保鲜膜或湿布醒 1 小时。面团膨胀一倍大为好。

8. 将面团分成直径 5 厘米左右的等份，揉成面团，松弛 15 分钟。在小面团表面刷油。

9. 取一个小面团搓成长条。

10. 再擀成长条片。

11. 将长条片对折卷起，垂直按扁。

12. 擀成小圆面饼。

13. 平底锅内不放油，直接放入小圆面饼两面烙熟，白吉馍就做好了。

14. 香菜切碎，卤肉捞出粗粗剁碎，将肉与香菜混匀。

15. 白吉馍用刀横切不切断，夹入肉菜，浇上少许卤肉汁即成。

锦食堂小贴士

吃不完的白吉馍再次食用时，可用烤箱烤至表皮酥脆。

3 ● 芦笋鲜虾蒸蛋——虾子结婚

家中来客，必要做些鱼虾才显得郑重其事，母亲说这是惯例也是体面，总不能拿家常小炒招待客人。做海鲜菜的烹饪过程也很正式，鱼虾美味在一个"鲜"字上，当天采购当天下锅，过期不候。清晨的早市，鱼贩摊前的鲜虾活蹦乱跳，装在塑料袋里拎回家，一路上发出细碎声响。所以要买到好虾，必要起一个大早，这是专为特定的人而买，起心动念全是为着特定的人，足够郑重了吧。

家里多佛教徒，要在指定的日子里吃斋，倘若这一天恰好来了客，又不好怠慢，所以要去街上买三净肉（眼不见杀、耳不闻杀、不为己所杀）。而虾又不得不鲜，我那可爱的二姥姥便在菜场念念有词，小声念起往生咒来，我见状总是忍俊不禁。

所以虾真是剩不得的东西，昙花一般地，过了一夜便无半点姿色，像被丈夫厌倦了的小妇人，哪怕当时爱得热烈，感情笃深。隔夜茶入口有一种腥气，而宿墨用来写字也不再厚润饱满，这些是"剩"的过失，而"剩"的优点又有什么呢？古法制成的老宣纸最衬墨色，用一张存了多年的老纸作画，再没底气的落墨腰杆也会直起来，所以就有名画家不惜重金成车拉走故宫存的老宣纸，可见有多金贵。时下文艺青年又兴起玩过期胶片，拍出来颜色玄妙沉郁，不像数码机色彩单薄，总有意想不到的惊喜。而据说这种过期胶片同样价格不菲，被胶片机爱好者称为"烧胶卷"，我"烧"不起，偶尔用 PS 来 P 一下聊以慰藉。

而"剩"这个词近几年真是用得泛滥，"剩男""剩女"，听来已觉厌倦。我作为 80 后大龄女青年一枚，刚从女孩、少女的自身角色定位中醒过神来，转眼看见邻桌小 Baby 已两眼放光了，母性光芒居然在我这里升腾了。身边的女友不乏烈女子，职场精英、豪气侠女、独身主义信徒、假小子，都在这一两年之内迅速地赶去嫁人了，让我这小心脏与小眼镜几次三番碎了又碎，不禁感叹：激素真是害死人啊！

而我倒是真心佩服敢于让自己剩下的人，嘴巴真叼，又够挑剔，我不只在一两个朋友口中听到另类、苛刻，洋溢着理想主义光环的择偶标准，我嘴下也不留情：这样的条件，和彩票中奖几率大抵相当！这些话从男人口中说出来尤其可恨，那么多好姑娘难道都是透明的？

而虾呢，再怎么倔强，热锅热油的猛烈攻势之后，于滚滚红尘中跑上一场，早已耐不住寂寞。此刻典礼即将开始，餐厅里宾客云集，我替她穿好红袍，再披一袭蒜蓉蕾丝，华丽丽送出门去，于是早春四月又多了一盘新嫁娘。

小时候对餐桌上的菜嘟嘴抗议的时候，奶奶马上会下厨蒸个蛋给我，那嫩滑咸鲜的口感，是萦绕整个童年的味觉记忆。做厨娘以后自认学厨生涯一路顺利，却每每败在蒸蛋这件看似简单得不能再简单的料理上，蒸出一碗光滑如镜面的美貌蒸蛋，确实需要下一番工夫呢！

芦笋鲜虾蒸蛋

用到的食材：

鸡蛋 1 个、莴笋 30 克、鲜虾 3 只

用到的调料：

香油适量、盐适量

做　法：

1. 鲜虾剥出虾仁去掉虾线切丁，莴笋去皮切小丁，鸡蛋在碗中打散备用。

2. 蛋液中加入盐，对入 1.5 倍温水，用筷子朝一个方向搅打 3 分钟，用勺子撇去表面浮沫。

3. 将碗盖上保鲜膜入蒸锅，隔水蒸 8 分钟左右取出。

4. 在稍稍凝固的蛋液表面均匀撒上虾肉丁和莴笋丁，滴入几滴香油，重新入蒸锅蒸 4～5 分钟即可。

锦食堂小贴士

1. 对入蛋液的温水保持在 50℃左右，过热会把

蛋液烫成蛋花。

2. 如果有盖碗，可直接入蒸锅蒸，不用保鲜膜。

4．金枪鱼沙拉——吃早晨的人

我是个不折不扣的早餐拥趸者，工作日速战速决的牛奶冲燕麦，周末睡到自然醒的慵懒花式粥，或是某个心情大爆发的清晨，跑步后塞入口中的能量芝士堡……或繁或简、中西混搭，哪怕是一杯速溶咖啡也好，哪怕是路边摊的鸡蛋煎饼也好，吃罢早餐，胃与身心才会有安全感，顶着大太阳走出门去，总觉得自己是充满能量的女超人。

某个天气晴好的假日，煮好早餐，端着盘子凑到电脑前，飘飘然在豆瓣我说里打出：不上班的日子慢慢吃早晨真是享受啊！或许是开心过度，把早餐错打成早晨，遭人耻笑。细细想来"吃早晨"却更诗意呢，被大口大口吃掉的晨光，会不会在胃里绽放出一个太阳？

于是记起有一年去徽州写生，住在宏村叫松鹤堂的旅馆，清末的老房子，院落中的池塘里养着肥硕的锦鲤。老板娘热情质朴，她总是喜欢端碗坐在巷子口吃早餐，她说徽州人把吃早餐叫"吃天光"，吃午餐叫"吃点心"，吃晚餐叫"吃落昏"。听来觉得有趣，民以食为天，把一日光景盛在碗中，从天光吃到落昏，一个"吃"字充满了市井生活的幸福。后来听说松鹤堂的老板意外重伤去世，听者无不惋惜，我却操心老板娘的日子如何过，是否还经营旅馆，她还会在松鹤堂门口吃天光吗？

吃早晨与吃夜晚是两种截然不同的气氛，早餐不怕丰盛，可以鱼肉蔬果样样齐全，《黄帝内经》里也有天地之阳气可以帮助消化白天所吃食物的说法，而夜宵吃下的东西不易消化，纵然可以串烧啤酒吃得放纵豪迈，到头来也还要为日渐隆起的肚腩负责。相反，早餐就安全得多，节食的女孩子夜里饿得百爪挠心的时刻，心心念念的就是明日一份丰盛早餐，甚至一日想吃的零食也统统放在早晨来吃，节制欲望过后的饱足感，还有什么比早餐更令人开怀？

所以我宁愿挨过慢慢长夜，在晨光里做一个安心吃早晨的人。电台音乐，报纸上的新鲜油墨，刚洗过的湿漉漉头发，以及一份国王早餐，生命里一下子多出来许多附赠的时光，怎能不让人欣喜。

人类作为食物链的终端一环，最让人纠结的是美味食物总是无法摆脱高胆固醇、高热量的负担，比如蛋黄酱。不过也有例外，比如金枪鱼。吃货太贪心，想两者兼得，索性拌成沙拉，还是不满足就再加两颗水煮蛋，如果再撒上一层核桃碎，那这碗沙拉就幸福得有了灵魂……

金枪鱼沙拉

用到的食材：

泉水浸金枪鱼罐头 1 盒、熟鸡蛋 2 个、洋葱 1/3 个、圆生菜 50 克、紫甘蓝 30 克、圣女果 20 克、熟核桃仁 30 克

用到的调料：

柠檬 1/2 个、蛋黄酱适量、研磨黑胡椒适量

做　法：

1. 圣女果竖直剖开，紫甘蓝切丝，圆生菜用手撕成适口的小片，洋葱横切成洋葱圈，熟鸡蛋切块。

2. 将罐头中的金枪鱼撕成适口的块，将步骤 1 中的食材倒入沙拉碗内，加蛋黄酱、挤入适量柠檬汁、撒少许研磨黑胡椒，拌匀装盘。

3. 再将熟核桃仁装入保鲜袋用擀面杖碾碎，撒在拌好的沙拉上即可。

锦食堂小贴士

1. 如果不喜欢蛋黄酱沙拉，可用橄榄油、蒜泥、柠檬汁、盐、黑胡椒调成更清爽的油醋汁代替蛋黄酱。

2. 将蔬菜浸泡洗净，切凉拌食材时要用熟食案板。

5 ● 米汉堡——《蜗牛餐厅》里的理想之光

日本的美食类电影，大多是治愈系的，亲情与爱在食物的香气中铺陈开来，好似母亲做给你的那碗热汤，万年不变的食材与做法，只因为撒上温情这味调料，让人永不厌倦，只会呼呼喝完，脸色绯红地说："再来一碗！"

《蜗牛餐厅》又是一部有关美食的影片，观影的过程好似一只透明身体的蜗牛从皮肤上爬过，缓慢、静默，却有温度与质感，思绪也会变得温暖黏稠，甚至怀疑那开在山脚下的小小餐厅是曾经去过的。而关于这部电影，我想起来的却是一个很虚幻的东西——理想。

理想，怕是被用滥了的词汇吧。它似乎只适宜出现在小学生的命题作文中，倘若你与一个成年人严肃认真地谈及理想，恐怕会被认作异类。人一旦学会承担，生存的目的无外乎一日三餐、妻儿老小，太多的人被套进现实的模子里低头做事，谁也逃不脱，谁也不能抱怨，内心怀揣的理想夭折在哪一年或许都被淡忘了吧。所以与为生活疲于奔命的人们谈理想，似乎是残酷的事情。因为在理想尚未实现之前，一切都只能是梦想。

于是我想起了一件事，那一年我投奔先生暂居的陌生城市，某天在租住的公寓卫生间门上发现一张小纸条，上面写着"你还记得你理想的餐厅是什么样子吗?"看着这行字,我伫立良久,这是谁写的?是个怎样的人呢?直到某日外出归来,看见楼下原来是家规模很大的餐饮集团,多家酒店连在一起,占满了整条街。于是豁然开朗,这留下纸条的房客,想来是个上进的年轻人,他或许就是这家酒店的厨师、领班、服务生,理想是开一家自己的餐厅,于是在卫生间里写下这句话,为的是督促自己不忘理想。于是我开始幻想起来,倘若这是一个戏剧性的故事,或许应该有这样的发展:年轻人拼命打工,终于有能力辞掉这份工,用积累下来的经验与金钱开了一家像模像样的餐厅,食客如云,白手起家实现了老板梦。但大多数人的现实版本是:打工太苦,又遭人冷眼,微薄的工资已承担不起都市的基本生活,不如回老家,而这张纸条上的内容也许早已遗忘。

而《蜗牛餐厅》的女主角伦子是幸运的,她也有一个开餐厅的理想。在与理想最为接近的时刻,多年积蓄却被男友卷走。上帝总是拿走你身边最好的,然后告诉你这就是生活。在经历这场浩劫之后,伦子再也说不出话来。但她的理想却没有破灭,"我要开餐厅!"她把这句话写在纸上告诉每一个人,最终伦子在母亲的暗中帮助下开起了蜗牛餐厅,她用心烹调的美食感动了很多人,于是他们说:"吃了伦子做的食物,理想就会实现了。"

理想很丰满,现实很骨感。但斑驳的现实生活里需要这样丰盈温暖的故事,哪怕是假的,哪怕永不能兑现。因为理想让人神往，坚持理想的人们让人敬佩，地铁里的流浪歌手、靠卖画为生的落魄艺术家、坚持传统的民间手工匠人、不被商业同化的独立艺术机构……这世界太多诱惑，总有些人耐得住寂寞，好似简陋蜗牛餐厅天花板上那盏华丽的水晶灯，在贫瘠的生活里照射出理想之光。

愿上帝保佑那些坚持理想的人们。

吃烦了传统汉堡，换个花样如何？来做米汉堡吧，是一种很新鲜的体验，肉香融进米饭，加上清爽蔬菜，融汇东方风情的快餐米汉堡，做与吃都是享受的过程。

米汉堡

用到的食材：

东北大米 1 碗、牛肉 80 克、鸡蛋 1 个、洋葱 1/4 个、圆生菜适量、番茄 1 个、黑芝麻少许

用到的调料：

盐 1 勺、花椒粉 1/2 勺、鸡粉 1/2 勺、橄榄油适量

做　法：

1. 东北大米浸泡 4 小时，加适量水，入电饭煲蒸好，水量不宜过多。

2. 将蒸好的米饭放入圆形煎蛋模具中略压实，制成两片米汉堡坯，也可用圆形的碗操作。

3. 将做好的米汉堡坯放入烤盘中，在表面用食品刷刷上一层橄榄油。

4. 加黑芝麻点缀，入烤箱 200℃烤制 5 分钟。圆生菜剥开洗净，番茄洗净切薄片，鸡蛋取蛋白备用。

5. 牛肉用料理机搅碎，加入切碎的洋葱、蛋白、花椒粉、鸡粉、盐混合后沿同一方向搅匀。用煎蛋模具整理成圆形的牛肉饼，或者戴上料理手套用手按压成型，大小与米汉堡坯一致。

6. 煎锅内加少许油，油热后放入牛肉饼中火煎熟。

7. 将一片烤好的米汉堡坯做底，依次铺上圆生菜叶、牛肉饼、番茄片，最后盖上另一片汉堡坯即成。

6 · 番茄鸡蛋吐司——番茄炒蛋的仪式感

在白瓷碗沿上敲一颗蛋，发出细微清脆的咔嚓声，顷刻间一个澄黄的"满月"在水中弹起，颤巍巍、亮晶晶、鲜嫩饱满。手中剩下的两半蛋壳还残留着新鲜的汁液，顺手叠在一起，扔进一米外的垃圾桶中，一个、两个、三个，精准投篮，画出漂亮的抛物线。拿出一口养得平滑滋润的铸铁锅，表面泛起犹如黑皮肤般细腻温润的光泽。"啪"的一声开火，倒入少许清澈的植物油，几秒过后油锅发出沙沙声，眼看着就要沸腾起来，好像大雨将至展臂站在风口的孩子，凉风灌进袖口，一切都是吵吵嚷嚷的。搅蛋，筷子在阔口碗壁飞速搅打，越来越快，越来越快，孩子还站在那里，心里有一面小鼓，咚！咚！咚！咚！

是时候了！蛋液终于"倾盆"而下倒入锅中，哗啦啦鼓胀开来，在黑土壤中迅速绽开一朵娇嫩的花，用筷子快速划开，瞬间又变成几朵蓬松的云。把云彩盛出放入碗中，油香蛋香迅速扑入鼻孔，好像在风中嗅一鼻子清凉的泥土气一样刺激。幸福过头了吗？快！要开始切番茄了呀！锋利的不锈钢刀划开番茄吹弹可破的皮肤，马上渗出鲜红的汁水，一块、两块、三块，快刀斩乱麻般地杀出一条血路来，满砧板都是酸甜的"伤口"。把它们一股脑儿倒入滚烫的锅中吧，冰与火相撞，好似故人重逢，一个久违的拥抱，打翻了一匣旧故事。倒入蛋，翻炒，红丝绸上穿梭出一道道闪亮的金黄丝线，这是你来娶我时我精心藏着的嫁妆，还是绣给未来婴孩儿的肚兜？都不是，那是一池在荷花池中跳跃的金鲤呀！一切活了起来，热气腾腾地，我融入你，或者你进入我，皮肤贴着皮肤的温暖，水乳交融，血液相通。

撒一把盐吧！在你滚烫跳动的胸口上，一股股温热的泉水涌出，到处都是鲜血喷张的热情。要放点糖吗？当然。用手接住你腮边几颗晶莹泪，放在舌尖上竟然是甜的。你笑了，万般柔情荡漾。你只不过是想要一个安慰的手势，情话都不必多说。我只不过是想要一盘你亲手做给我的番茄炒蛋，鲜花钻石都不及它的光辉。

那些人们拼了命用奔波劳碌换取的所谓幸福梦想，其实也抵不过一盘番茄炒蛋，平庸、实在，真心好滋味。蛋要选从农户手中一个个收来的土鸡蛋，番茄要选自然成熟，样子饱满，酸甜恰到好处，讲究一点还要去皮。搅蛋的时候加几滴酒，再洒一些水，油要滚烫，才能炒出滑嫩无比的口感。加一点糖，还是加一点盐？还是甜、咸都加呢？这是各家小孩子争相讨论的矛盾。先番茄后鸡蛋，还是先鸡蛋后番茄？这是每家主妇皱起眉头研究的课题。或者你说我老婆的做法是加一点黄油，香到飞起来。而我的方式是起锅时撒一把切细的葱粒，在红与黄的天地里种上几株嫩草……

番茄炒蛋，是自家餐桌上混熟了的常客，可在我看来，做一盘你爱吃的那种番茄炒蛋，严谨、深情，从来都带有一种温柔的仪式感。

番茄炒蛋，是我最爱的家常菜，虽然是普通家常菜式，登不得大雅之堂，但却像饺子一样，各家都有自己的一套烹饪法则，并以此为傲。加糖还是加盐？神圣不可侵犯。所以我觉得番茄炒蛋的烹饪过程是一种极具仪式感的美食，是一道做起来非常享受过程的料理。今天我把番茄和蛋换一种吃法，做了番茄鸡蛋三明治，做法简单，营养全面，是餐桌上一道漂亮早餐。

◆◆◆◆◆◆◆◆◆◆◆◆◆◆◆ 番茄鸡蛋吐司 ◆◆◆◆◆◆◆◆◆◆◆◆◆◆

用到的食材：

番茄1个、鸡蛋2个、全麦吐司4片

用到的调料：

蛋黄酱适量、黑胡椒粉少许、黄油1小块

做　法：

1. 平底煎锅内放1小块黄油，小火融化。

2. 放入全麦吐司，两面擦上黄油，小火稍微煎一下取出。

3. 鸡蛋放入冷水中开火煮15分钟捞出冲凉水，剥去蛋壳，用切蛋器切成片备用。番茄立起来纵向切成薄片。

4. 在熟食菜板上放一片吐司，铺一层番茄片，再铺一层鸡蛋片，撒少许黑胡椒粉。

5. 一勺蛋黄酱倒入裱花袋，剪一个小口，按自己喜欢的方式把蛋黄酱挤到吐司上，也可以先涂抹在吐司上，盖上另一片吐司，即成。

7 ● 黑芝麻糊——吃黑穿黑亦有情

幼时学色彩常识，老师说黑色属无情色。内心奇怪，不过是颜色盒中的一格，可以勾边、打稿、染阴影，何以无情？那什么又是有情的？后来学画中国水墨，老师又说墨分五色。滴几滴清水于砚台上，松烟墨缓缓研磨成浓稠厚重的浆液，再在白瓷盘上试色，只这一滴便可画尽白山黑水，草木树石都在焦、浓、重、淡、清的晕染中清丽起来，"以墨当彩"，无色胜有色，无情胜有情。即便需要颜色稍作点染，也要在颜料里掺少许墨，才显得沉郁、自然，不致落了俗。

于是我爱煞了黑色。只是不知有多少人懂得黑色之妙？脱离颜色本身，"黑"上升到更大的语境和文化层面，复杂庞大得让人心烦。百度键入"黑"字，跳出来的是"黑帮、黑店、黑市、黑客、黑腹、黑幕、黑道、黑心……"不禁让人毛骨悚然。

西方人最不待见黑色，把星期五和 13 号交集在一起的日子叫"黑色星期五"。耶稣死于星期五，而"老十三"犹大又是最后晚餐中的叛徒，同时也是一种电脑病毒名称。黑色星期五，真是黑上加黑，诸事不宜啊！《忧郁的星期天》也译成《黑色星期天》，是匈牙利人 Rezsö. Seress 与女友分手后内心积郁所作，据说世人听此曲先后有数百人自杀，当然种种故事多有杜撰嫌疑，此曲完整版本还是被封杀，列为世界三大禁曲之一。据说乐谱手稿存于作曲者的坟墓中，好黑暗。同时西方占星术中，黑色镜子与水晶球一样同为巫婆占卜的重要工具。好点的形容词叫"黑色幽默"，是 20 世纪60 年代美国重要的文学流派，却代表的是一种苦中作乐的变态幽默，一点都不轻松。而黑色丝袜在西方着装礼仪中代表两种意义：参加葬礼的人和从事特殊行业的人。

相反东方人却不怎么讨厌黑色，人们通常以黑色代表神秘、厚重的东方。黑，乃东方神韵。不仅在开篇说了中国绘画尚黑，书法亦是白纸黑字的艺术。古代周易八卦图也是黑与白、阴与阳的智慧。乌鸦这种通身黑羽的鸟在法国寓言《乌鸦与狐狸》中是个虚伪自大的窃贼，但在中国唐代以前却是寓意吉祥的神鸟，是善于占卜的预言帝，是东北土著先民满族的预报神、喜神和保护神。且乌鸦终身一夫一妻制，相比鸳鸯更加名副其实。黑色在中国古代也称玄色，玄色衣饰代表高贵与地位，乌纱帽是古代官吏戴的帽子，后来比喻权力与官职。《厚黑学》是从"厚如城墙，黑如煤炭"到"厚而无形，黑而无色"的黑色心机。

在中国黑色的吃食也相当讨喜，黑木耳、黑芝麻、黑豆、黑米、黑枣被誉为健康食品中的"黑五类"，含有丰富的微量元素和维生素。此外还有黑菇、黑鱼、黑花生、黑桑葚、黑荞麦、黑葡萄、乌梅、海参、发菜、何首乌等，也是难得的好东西。中医讲究"逢黑必补""黑色入肾"，所以黑色食品的最大功效，被认为是"滋阴补肾"。普洱也是黑茶的一种，本是藏人朴素粗糙的生活必需品，后来却一跃成为枝头凤凰，被现代人炒成天价，据说拍卖一块古董普洱价格高达几十万，有谁敢喝吗？乌骨鸡也是女人的恩物，不仅嘴黑、眼黑、脚黑、皮黑、肉黑，连骨头也是黑的，只是明知滋补却不敢吃也不敢烹饪，看来我对黑也是有那么点抵触心的。近来流行一种健康食品叫黑蒜，网店有售，据说抗氧化云云，一直没有尝试过。当然在新人类词汇中说起"黑木耳"什么的，要格外小心，可能触雷。

你看，黑有多矛盾？但有一优点坚定不移，黑色在视觉上有收敛作用，又大方优雅，永远是站在时尚前沿的弄潮儿。要是不想出错，当然是黑色最保守啦！如我这种贪吃又想把肥肉遮起来的懒家伙，衣橱里除了黑色、黑色，还是黑色。总觉得把自己装在一袭黑衣里，才最安全。

其实现实世界里大多数的黑色并不是真黑，大多数是程度极深的蓝黑、紫黑、红黑、灰黑，小时候最爱玩的游戏是画完画把调色盘里的颜料搅成一团，便成了最接近黑色的高级灰。就像这世上本没有那么极端的情感，善与恶、爱与恨，从来都是悬在一线之间。美玉不可能无瑕，黑了的人也总想洗白自己，从来没有什么东西是一黑到底的，谁说黑色不可以有情？

说了半天黑，用黑色食材做道简单吃食来应景。黑芝麻具有补养肝肾、健脑润肺、养血乌发、坚筋骨、防衰老的作用，是一种常用的滋补佳品。用它来做黑芝麻糊，香甜浓稠，存在罐子里随时都可来上一碗，比市售的袋装黑芝麻糊粉不知好过多少。

黑芝麻糊

用到的食材：

黑芝麻 200 克、糯米粉 200 克

用到的调料：

白砂糖适量

做　法：

1. 黑芝麻放入锅中小火翻炒，听到轻微噼啪声并有香气飘出来时取出。

2. 糯米粉同样小火翻炒，表面轻微变黄并有香气时取出。

3. 将炒熟的黑芝麻、糯米粉、适量白砂糖混合均匀。

4. 用料理机研磨成粉状。

5. 装入罐中保存，食用时沸水调开即可。

8 ● 脆皮黑胡椒牛肉饼——对味儿

追溯表妹的罗曼史，开篇是一场俗气的相亲。那天男孩子打开车门来接，看见假小子被打扮成小小安琪儿乖巧地坐进车里，直到走远，趴在阳台上的女人们才笑出声。

晚上回家，女人们又紧张兮兮蜂拥而上，异口同声说："怎样？"表妹只丢下一句："带我去吃火锅，超辣，好吃！"

三天后她即在早餐桌上宣布恋爱，全家人愕然，标榜不婚主义的女战士忽然扔掉盔甲，摇身变成一枚温柔小女子，甜蜜得冒泡了。我的眼镜一跌再跌，抓住她肩膀摇晃："不过是平常男孩，施了什么法？一餐火锅，就可定终身？"她笑着说："这一餐饭吃着吃着就对了味儿，你知道，我也爱吃辣！"半年后她先我嫁掉，某日清晨看见小夫妻早起煮粥，她照例在白粥里加酱一勺，搅成混沌的一碗，我皱眉："你怎么还不改，看着就觉恶心啊！"转头却见她夫君也同样一碗酱粥吃得热烈："我也从小这样吃，超美味，你也试试？"我忍不住笑，长吁短叹："怪不得，怪不得是一家啊！"从此我那纠结在闪婚女身上的不甘之心，终于放了下来。

在遇见一个对的人之前，首先得对味儿，这一点至关重要。人对，味儿不对，活得自然要累一些，当肉食女遭遇食草男，纵然有情，却少不得过着清心寡味的生活。而味儿对，人自然也不会差，倘若是这样一对男女，共同喜爱浓油赤酱的生活，一起酗榴莲，一起嗜芥末，一起把菜里的肥肉吐掉……过日子不外乎吃喝拉撒睡，吃喝对了味儿，谁还敢说性情不相投？

有些吃食，当你视为洪水猛兽，有人品来却甘之如饴，恰巧又遇上一个同好，对了味儿，对了心，才会对了人。所以在爱里，千万别委屈你的味觉，那是人最真实的脾性。若想知道一个男人是否靠谱，就让他带你去吃他最爱吃的饭，这一桌菜的酸甜苦辣咸，百分之几与你合拍，早已在舌尖上见分晓，比起一场又一场猜心的周旋，要容易得多。

所以与其伪装成吃花朵喝露水的仙女，不如找个与你一起醋畅吃辣的男人。对味儿，实在是不浅的缘分。

作为一个主食控，最见不得看见人排起长队买各种包子、油条、烧饼、糕点，因为最终我总是立即跳到队尾，眼下的所有事情顷刻化为乌有，在心里流着口水幻想着排到尽头的美食是什么模样。最爱排队买的那种脆皮黑胡椒牛肉饼，据说在唐代已是长安街上的宠儿，竟也是要排队购买的。在家自制黑胡椒牛肉饼，每次吃时取一个入烤箱烤至酥脆烫口，免受排队煎熬。

脆皮黑胡椒牛肉饼

用到的食材：

中筋面粉 250 克、牛肉馅 150 克、鸡蛋 1 个、香葱 50 克、姜 15 克

用到的调料：

五香粉 1 勺、生抽 2 勺、香油 1 勺、料酒 1 勺、鸡粉 1/2 勺、盐适量、黑胡椒粉适量、植物油适量

用到的特别工具：

食品刷、电饼铛

做　法：

1. 中筋面粉中倒入适量温水搅成棉絮状。

2. 再揉成光滑的面团，盖上湿布或保鲜膜饧半小时。

3. 香葱切细葱花，姜切碎末，加入到牛肉馅中。

4. 再加料酒、生抽、五香粉、香油、鸡粉、盐调味，再磕入鸡蛋，朝一个方向搅打使牛肉馅上劲。

5. 饧好的面揉成粗条，切成 30 克等份的面团。

6. 将小面团擀成长条片。

7. 再用食品刷刷上一层植物油，再均匀撒上黑胡椒粉。

8. 取一小团肉馅放在面片的最前端。

9. 将牛肉馅卷起。

10. 将收尾处的一点面皮按在中间露出牛肉馅的地方，压成一个小圆饼。

11. 电饼铛内刷少许油，将牛肉饼两面煎至金黄即可。

锦食堂小贴士

1. 没有电饼铛也可用平底不粘锅代替。

2. 煎好的牛肉饼尽快食用风味最佳，吃不完可冷藏，食用时用烤箱加热。

9 ● 厚蛋烧——小姐，请别放味精

餐馆用餐，邻桌是热闹的祖孙三代，这年头孩子自然是全家的中心，其金贵程度从长辈们夸张的举动就可见一斑。

藕一般粉嫩的小男孩，被祖母在怀里抱着，目光拔也拔不出来，鼓鼓的脸蛋半分钟即要被印上一个吻。母亲拿着菜单点餐，最后也不忘殷殷嘱咐："小姐，请别放味精！"

是啊，味精的确是不适合小孩子的调料，味精的前身是日本人发明的味之素，主要成分为谷氨酸钠，是一种能产生强劲鲜味的人造调味品，纵然味精对人体的危害众说纷纭，但这么多年中国人的菜肴里味精仍是红牌花旦，厨师们还是要以一把味精当成糊口的本钱。不是厨师爱偷懒，只是国人太爱吃，早茶、中餐、下午茶、晚宴、夜宵、零食……从早吃到晚，服务小姐手脚麻利地翻台，门外的食客早已在排号等位，谁还有工夫选了猪脚、土鸡、火腿小火慢炖一锅老汤呢？莫不如味精，一小勺晶莹剔透的颗粒，成全了一道菜的鲜美，够直接也够迅速，只是饕餮完毕的食客们回到家要麻烦多喝几大杯水而已了。

真是不能怪味精的，这是个加速度的时代，什么都要加速增长，人口、经济、建筑、汽车，食物也不能慢吞吞。冬天吃不到西瓜那就扣温室大棚吧，牛吃草长得太慢那就改吃玉米吧，土地寸土寸金，鸡自然不能散养，那就筑起密集的鸡笼昏天黑地地制造肉类吧！于是长辈们开始抱怨菜没菜味，肉没肉香，其实他们何其幸运，到底是见识过缓慢生长的好东西，而年轻的速食一代也只能去超市绿色食品区买些昂贵的有机肉蛋以改善生活。

人最善自欺，也最善制造明媚的假象，不仅有大把味精的猪骨拉面，还有加了色素的红亮红烧肉，浸泡了增香剂的火锅飘香十里，掺进嫩肉粉的烤牛肉口感绝佳，以及加了高弹素而嚼劲十足的肉丸子等，若不是最近看了美国纪录片《食品公司》以及论坛帖子《一个良知厨师的忠告》，恐怕还对盘中餐怀着"粒粒皆辛苦"的感恩。

由味精继而联想到生活。味精固然少吃为妙，女人却不能缺少化妆品的人工雕琢。近日新得一种名为玫瑰胭脂水的化妆品，玻璃小瓶中装着透明的红色液体，涂一点在脸颊嘴唇上晕染开，瞬间即有白里透红的好气色，不禁喟叹高科技也有好东西啊！而男人呢，上进的男青年面对画满问号的未来，习惯滔滔不绝地阐述理想，当他说起第 N 个五年计划实现之时银行存款的位数也会随之惊人地增长，身旁小女子的脸上开始泛起甜蜜的红晕，起码也多了些对新生活的念想。

生活需要味精，就好像女人要依靠荒诞言情剧刺激激素以保持对爱情不灭的憧憬，或者来看一期娱乐气味浓重的相亲节目，明知是场刻意而为的虚假浪漫，却也可成为心知肚明的忠实观众。在生活里撒一把味精，掩盖朝九晚五、吃喝拉撒的无趣，调味现实，增鲜理想，饮鸩止渴，也不失为一种聪明的生存法则。

鸡蛋、牛奶真是造物主神奇的恩赐，两样东西经过不同的烹饪手法会产生出千变万化的料理。鸡蛋的做法中，除了溏心水煮蛋以外最爱的就是厚蛋烧了，厚嘟嘟、颤巍巍的口感，让鸡蛋又升华一层，是日本家常早餐中的萌物。特意买了专用的蛋卷锅，操练几次即得心应手。

厚蛋烧

用到的食材：

鸡蛋3个、虾肉适量、香葱适量

用到的调料：

盐适量、牛奶4勺

做　法：

1. 煮熟的虾肉剁碎，香葱切细葱花。

2. 鸡蛋加牛奶、盐打散。

3. 再加入虾肉、葱花搅匀。

4. 长方形蛋卷锅内放少许油，油热倒入一层蛋液。

5. 待蛋液稍凝固用筷子夹起一端卷起，形成一个长方形蛋卷。

6. 将蛋卷推至蛋卷锅一侧，在锅空白的部分继续倒入一层新蛋液。

7. 稍凝固时用筷子提起长方形蛋卷按原来的方向继续卷起，如此重复，直到蛋液完全用完，形成一个厚厚的长方形蛋卷。

8. 用刀等份切开即成。

锦食堂小贴士

1. 做蛋卷需心细手快，操作几次即可熟练。

2. 可做单纯的厚蛋烧，也可将喜欢的食材煮熟切细粒加入蛋液中，制成风味厚蛋烧。

10. 自制午餐肉——早餐女王

清晨，放音乐，取出煎锅，磕入一枚蛋，单面煎熟。吐司两片，加入火腿、蔬菜、芝士、蛋，快速做一份三明治，然后洗漱化妆，收拾妥当，冲咖啡，在桌前悠悠然享用早餐。很多时候，这样的早餐时光是促使我早起的全部动力。

这段时间让人如此迷恋，清晨的浓缩时光，用温热牛奶冲泡起来，也变得柔软舒展。休眠了一整夜的肠胃，以食物来唤醒，于是整个人都丰盈起来，蜂拥而至的，是生活的灵感，也是新一天美好的期盼。

带着感恩的心情享用早餐，会被赋予诸多美妙的意义，大概每个人心里都有关于早餐的回忆，有时候是妈妈熬煮的香糯米粥，有时候是奶奶做的那份美味烙饼，还有时候是那个他，把早餐端至你面前的惊喜与幸福。我爱早餐的故事，饮食男女、烟火人间，每个清晨，每一个窗子里日日上演关于早餐的桥段，嬉笑怒骂间，人生百味尝遍。我爱在周末的时候，睡一个懒觉，做一份豪华早餐，各式各样摆满桌子，中式的清粥小菜，西式的黄油吐司，把食物溺死在幸福里，你的笑脸肆无忌惮地绽放开来。

我还记得简媜在《四月裂帛》里这样写："常常在早餐约会，或入了夜的市集。热咖啡、双面煎荷包蛋、烘酥了吐司，及三分早报。你总替我放糖、一圈白奶，还打了个不切实际的哈欠。我喜欢晨光、翻报、热咖啡的烟更甚于盘中物，你半哄半骗，说瘦了就丑，我说：'喂，就吃！'你果真叉起蛋片进贡而来，我从不吝惜给予最直接的礼赞"。聪慧如她，洞察世事像一把尖锐的剪刀，可还是一个如此俏皮的女子，这样的早餐约会真是非常特别。

偶尔不吃早餐的日子，心里总会带着那么一点罪恶感，对不起肠胃，更暴殄天物般地挥霍了一份悠然的心情。早起半个小时，为自己和家人做一份早餐，有个朋友说："做早餐，这是女人的美德。"我愿在这样的微曦时光里，变身成一位快乐的早餐女王！

作为发烧级淀粉爱好者，把各色面点当成人间美味，而午餐肉这种淀粉与肉类结合的食物，是物资贫乏时代的神奇产物。我却偏偏爱上这种混合着淀粉的肉香，朋友说好品质的午餐肉用油煎，竟可吃出鹅肝的口感。无意中在网上找到方子，于是兴冲冲自己在家做，模仿出八九不离十的样子，手工制作不如市售成品好看，不过味道还不赖。吃时用油煎，与煎蛋和方便面搭配，即是一碗能量十足的港式家常早点餐蛋面。

自制午餐肉

用到的食材：

猪肉 500 克、淀粉 60 克、鸡蛋 1 个、小葱 30 克、姜 20 克

用到的调料：

十三香 2 勺、花椒粉 1/2 勺、糖 1 勺、料酒 1 勺、生抽 1 勺、盐适量、植物油适量

做　法：

1. 猪肉洗净切小块，入料理机搅打成肉泥。小葱、姜切细末，放入肉泥中。

2. 肉泥中加入鸡蛋清、十三香、花椒粉、糖、料酒、生抽、盐搅拌均匀。

3. 再加入淀粉搅拌均匀。

4. 朝着一个方向快速多次搅打使肉泥上劲，中间可少量多次加少许清水。

5. 保鲜盒内壁抹少许植物油，倒入肉泥压实，表面用橡皮刮刀抹平。

6. 盖上保鲜膜，入蒸锅隔水蒸 20 分钟左右。

7. 取出倒扣出午餐肉，晾凉切片即可。

锦食堂小贴士

1. 肉泥一定要压紧实，否则蒸出来的午餐肉会起小蜂窝。

2. 做好的午餐肉可用油煎至两面焦黄，风味更佳。

wǔ cān
午餐
12:00

1. 黄桃锅包肉——"暴发户"女儿的味觉记忆

前几日去菜场，有个男人骑摩托车飞速驶过，停在菜摊前摘下头盔喘匀气："老板，来一小把香菜，家里娃娃要吃锅包肉，临到做时才发现少了把香菜，呵呵！"老板麻利地包好香菜："拿去，不要钱，赶快回去给娃做饭！"听到此番对话，每个过路的东北人都能会心一笑。是啊！做锅包肉没有香菜，怎么能行？一道正宗的传统黑龙江版本锅包肉，除了选择好品质的里脊肉以外，必要把切得极细的葱丝、姜丝、胡萝卜丝外加香菜这几样配菜在油里炸香，混合着酸甜适度的透明芡汁，才能把锅包肉的"魂魄"勾出来，否则只会是"木肤肤"美人，了无生趣。

很多年，我没在家里吃到过这道菜了。小时候，我是个不爱吃肉的挑嘴丫头，爸妈想方设法让我多吃一点肉，那时我能吃进去的也只有这道味道酸甜、毫无荤菜口感的锅包肉。于是老爸最爱做这道菜给我，他说饭店里做的用油不好，选肉也不好，于是兴师动众在家里起一口大油锅，挂面糊、切配菜、炸肉、调芡汁，忙得不亦乐乎。每当那熟悉的肉香、醋香窜进鼻孔，我立刻放下所有过家家的"家当"，跳上餐桌，坐等开饭。老爸版本的锅包肉与餐馆版本的不同，餐馆用猪里脊，老爸选上好的牛里脊，餐馆做的通常有一层酥脆的壳，而他做的则外壳酥中带软，里脊肉多汁弹牙。每当我在他的炫耀声里吃掉大半盘肉，他也会得意地呷一口小烧，额头马上冒一层细密的汗……

后来他"下海"了，从工厂会计当上了民营小老板，穿几千块的"梦特娇"，配亮眼的白裤子，仅剩不多的头发用发胶粘在一边，风吹起来的时候很滑稽。每次回家都会"啪"地放一叠毛爷爷给我妈，嘴角有掩饰不住的笑。那时候他带我去餐馆吃饭总不忘点一盘锅包肉给我，每次都得意洋洋地问："是不是没爸做的好吃？"我终于明白，当年在自家厨房殷勤炸肉的男人，并不是经常吃得起饭店的。后来他有钱了，就拼命补偿我，于是我就这样被娇纵地吃成了"暴发户"女儿模样的胖姑娘……

再后来公司倒闭，回老家过起平静日子，依旧爱摆派头穿白裤子，因为自尊，不肯过"寄人篱下"的打工生活。宁可自己俭省，也依旧让我成为班里有最多漂亮裙子的姑娘，依旧供我读好的大学，依旧让我体面地出嫁。直到我为人妻为人母，也永远在电话里问我："姑娘，你缺不缺钱？"偶尔也会在QQ上煽情："姑娘，你快不快乐？"

而如今我偶尔想炫耀厨艺，也会在自家厨房给自家男人做这道菜，看他狼吞虎咽地吃完，额头上也会冒一层像父亲那样细密的汗。忽然想起，当年老爸是否也像给孩子买香菜做锅包肉那位爸爸一样，因为缺了某一样材料巴巴地跑去菜场，因为惦记着买到一块好牛肉而跟肉摊老板套磁呢？他应该咬不动这么硬的肉了吧？这么多年来，他永远知道我最爱吃什么，我也永远知道自己夫君最爱吃什么，而羞耻的是，我终于想要做一道菜给他，竟无从下手，因为我从来不知道爸爸最爱吃什么。我记得这道菜，却忽略了一段永远不求回报的爱，不觉掩面而哭……

　　锅包肉是萦绕东北 80 后整个童年记忆的菜，每一个东北小孩儿都是锅包肉的叼嘴吃客，一口咬下去，外面的酥皮发出清脆声响，里脊肉却多汁弹牙，再加上酸甜适度的芡汁，达到这几点才算是一盘"合格"的锅包肉。此菜是西餐风格的改良东北菜，我的做法是再加黄桃，去油腻又增一层果香，不妨一试。

◆◆◆◆◆◆◆◆　黄桃锅包肉　◆◆◆◆◆◆◆◆

　　用到的食材：

　　猪里脊肉 100 克、黄桃罐头 60 克、胡萝卜 30 克、姜 10 克、蒜 3 瓣

　　用到的调料：

　　淀粉 60 克、料酒 1 勺、米醋 4 勺、糖 4 勺、盐适量、植物油适量

　　做　法：

　　1. 猪里脊肉切 3 毫米厚大片，罐头中的黄桃改刀成条，

胡萝卜切菱形片，蒜用刀压扁切碎，姜切丝。

2．里脊肉片加少量淀粉、料酒、盐抓匀，腌15分钟。

3．加入较多的淀粉，调入清水、少量植物油调成比酸奶更黏稠的糊状，用手抓肉片，使面糊均匀地挂在肉片上。

4．锅内倒入较多的植物油，量以没过肉片为宜，油烧至六成热时，逐一展开肉片下油锅炸，油温以肉片下到锅中能够迅速浮起为好，捞出沥油。

5．直到炸完所有肉片，再将肉片重新下入八成热油锅中复炸一遍，快速捞出沥油。

6．取一只小碗，倒入米醋、糖、盐、2勺黄桃罐头汁、2勺淀粉搅拌均匀备用。

7．锅内留少许底油，下蒜、姜爆香，再下胡萝卜翻炒。

8．淋入调味汁烧开，形成透明的芡汁，迅速倒入炸好的肉片翻炒，将芡汁挂在肉片上，再加入黄桃即可装盘。

锦食堂小贴士

1．用黄豆油炸肉成品更漂亮，第一遍炸熟，第二遍炸酥脆。

2．做此菜火候很重要，直接影响到菜品的酥脆度与外形。

2 ● 台式卤肉饭——五花肉收藏家

刷微博，无意中看到有人说：在超市见到好看的五花肉就激动得走不动路，即便家中并不缺肉，也要称几块回家。拿在手中还要啧啧赞叹："怎么可以这样美？"当时觉得诧异，五花肉，猪肉而已，那是厨房新手碰都不愿碰的东西，美在哪里？为何要巴巴地买回家藏起来，"五花肉收藏家"吗？呵呵！

那时的我真是个狂妄得不懂五花肉的家伙啊！很多年，我不曾吃过五花肉。可能是成长后的叛逆心让我摒弃了幼儿时父母塞进我嘴里的东西，到可以自我挑选的时候，自动屏蔽掉了。甚至，还有那么点厌恶。当我和那个他不约而同地吐出不知情吃到嘴里的五花肉，竟为这默契相视而笑、惺惺相惜起来。啊！原来你也不吃五花肉！可是最近，忽然地开始懂得五花肉，听到五花肉片在烤锅嗞嗞作响，缓缓地吐出晶亮的油脂，竟开始觉得赏心悦目。夹一块入口，脂肪的焦香爆满口腔，也许是许久没领教过猪油强烈的香气，一瞬间跳到云彩上！

五花肉，又称肋条肉、三层肉，肥肉间夹多层肌肉组织，分量只占一头猪的百分之十。上好的五花肉，夹精夹肥十来层，纹理似玛瑙，可遇而不可求。料理好的五花肉，肥肉香酥绵糯，瘦肉久炖而不柴。瘦是风骨，肥是余韵。有骨无肉太狰狞，有肉无骨则显媚态，必是要懂得这层层叠叠的美态，才会相见恨晚。不懂得五花肉的人不仅不能算美食家、老饕，连当个吃货都没资格！

可见五花肉并不是上不得台面的东西。江浙人最善于做五花肉，五花肉名菜——红烧肉、梅菜扣肉、狮子头，都是他们的拿手好戏。四川的回锅肉、咸烧白也是平易近人的美味。红烧肉的前身东坡肉是苏轼收了礼不好意思独享而分给百姓的回馈肉，由此可见古代上下级的礼尚往来显得多么质朴可爱。当然，是哪个爱奉承的人杜撰出来的典故也未可知。可见文人也爱五花肉，并不是吃花喝露水的文弱书生，一坛东坡肉下肚，才可斗酒诗百篇。东北的氽白肉、炭烤酸菜五花肉也是经典。最爱烤酸菜五花肉，五花肉烤出微微金黄色的焦痕，香气盈室，爽口的东北酸菜又恰好吸足五花肉的油脂，二者中和得恰到好处。

烟肉培根是西方人的早餐，大概也多是五花肉。相当长一段时间，烟肉被视为肥胖的主要来源，但因为美国推出了低碳水化合物减肥法，烟肉致肥的观点才渐渐平反。提起五花肉，不能不想到韩国，那是韩国人的命啊思密达！韩国人年均消费五花肉的数量是 21.9 万吨。看韩剧的关键词不外乎就是 KTV、烧酒、五花肉！貌似此国男女青年浪漫约会的方式之一就是吃五花肉，女主角那一脸幸福沉醉的表情，让屏幕外面的人小声嘀咕："有那么好吃吗？"换成中国男女，男的带你去吃顿五花肉，不被笑话没品位才怪。虽然韩国是为本国饮食自豪到自负的民族，但他们是真心懂得五花肉，真心得让人感动。韩国还有五花肉节，换成中国人吃的花样太多，岂不是天天过节呀！

五花肉是三高人群的死敌，正是因为这样，更在一些人的心里神圣起来，廉颇老矣，尚能"食肉"？老人心里念念不忘的也许不是五花肉，怀念的是那些能大碗喝酒大口吃肉的健壮时光。近年流行一个新词儿叫微胖界，胖就是胖，瘦就是瘦，稍稍丰腴些的可能就属微胖？就像五花肉，肥就是肥，瘦就是瘦，又肥又瘦，所以五花？微胖，算是借口吧？只不过是想放宽心来好好再吃一顿五花肉。

卤肉饭，也是消灭五花肉的好料理。因卤肉切成小丁且肉酥烂，肥而不腻，吃下去没什么罪恶感。适合不爱肥腻五花肉的人偶尔尝试，也可存冰箱做便当。吃时烫碟青菜，配个卤蛋，营养全面，降低咸度后还很适合小孩子。正宗台式卤肉饭少不了红葱头制成的红葱酥，但食材难买，我用了东北的毛葱，与红葱同属珠葱的一种，很接近，如果没有也可用洋葱。

台式卤肉饭

用到的食材：

五花肉 300 克、毛葱 4 个、水煮蛋 2 个、干香菇 10 朵、姜 2 片、蒜 2 瓣、虾米适量、青菜心适量、米饭适量

用到的调料：

生抽 2 勺、老抽 1 勺、八角 1 颗、桂皮 1 块、五香粉 1 勺、花椒粉 1 勺、料酒 2 勺、冰糖 30 克

做　法：

1. 五花肉去皮切大块，干香菇泡发切丁，毛葱切条，蒜、姜切碎。五花肉入沸水氽烫 3 分钟去血沫。

2. 捞出切指甲大小的块。

3. 毛葱入油锅小火炸成葱酥，捞出备用。

4. 锅内放少许油，下蒜末、姜末爆香。

5. 下五花肉煸炒出油，再下香菇丁、虾米、葱酥翻炒。

6. 倒入适量生抽、料酒、少量老抽，下五香粉、花椒粉、桂皮、八角。

7. 再下冰糖拌匀，加入温水，水量没过肉 2 厘米即可，大火烧开，小火慢炖 1～2 小时。

8. 中途可加入水煮蛋，扎几个眼儿方便入味，做成卤蛋。

9. 五花肉烧至酥烂后盛在焖好的米饭上，倒一些汤汁进去，可配卤蛋和烫熟的青菜心。

3 ● 蒜香奥尔良烤鸡腿卷——被吃掉的男女

一直很喜欢一个词叫"男女通吃"，觉得生动有趣。这个"通吃"的出处不是生理上的咀嚼动作，而是博彩专业术语，指庄家赢了其他各家后一个惊爆的高潮，在座无不叹息，唯独一人笑逐颜开。若不是好运当头，岂能"通吃"？

如果说"通吃"是运气，那么"男女通吃"就需要一点本事了。人不可能生来就是完美无瑕的水晶玻璃人儿，不是人人都爱的雷蒙德。可地球上有那么一小部分人是"男女通吃"的，周身散发的强烈磁场让人不由自主地被吸引。男人与女人是不同物种，思想行为差之甚远，又是一对矛盾的结合体，若能同时做到被男人欣赏又被女人爱戴的"安琪儿"，该是有多么强大的气场与吸附能力？

要知道男人们眼中的尤物通常被女人恶语相加，女人们眼中的浪漫情人总是被男人嗤笑为"小白脸"。能兼顾这两大种群集万千宠爱于一身的人，让人词穷，或者说成是被神眷顾过的吧，这世上有多少入世神仙？脑中第一秒想到的神仙级人物有两个：王菲、张国荣。有谁敢投反对票？或许早被唾沫淹了。这二人的道行又岂止是通吃那么简单的，女人的复出演唱会一票难求，当天做足万人空巷的派头，到头来整场说过的话也不过是两个字"谢谢",多么拽,可早已有人泪流满面。至于那个男人,他是个传奇,是人们记忆中那一层惆怅的灰调子。才子年少俊朗,一颦一笑都是绝代风华,4月1日早已不是愚人节那么简单,它在人们心里的含义是重看一遍《霸王别姬》,凄凄切切垂泪一番才甘心,殊不知那男人或许隔着阴阳笑你太痴,容不得你愚弄别人,有人早已愚弄了你。前阵子网上疯传复活消息,一发不可收,到头来才知是闹剧一场。唉!在他面前,所有人都如"植物大战僵尸"的惨败结局——被人吃掉了脑子。

而"吃"在男女关系中是可互相转化的动词,这世上除了被人津津乐道的少数几对神仙眷侣(比如沈复芸娘、林徽因梁思成之类,当然也是男女通吃),剩下的不过是平庸夫妻。无一不为柴米油盐、吃喝拉撒的琐事操心。婚姻状态中的男女是一对伙伴也是冤家,或者在狭隘的二人世界里,这种较量被放得无限大,比如他有些大男子主义的倾向,而她恰好带着些女权主义的色彩,那么注定是不安分的一对,互掐要掐到坟墓里。好像母螳螂与公螳螂交配后要吃掉公螳螂,到头来也不过是你吃掉我,或者我吃掉你,却又心甘情愿。当然,还是吃着的那一位比较威风。

莫不如把悲愤化为食欲,在自家厨房吃掉一整份烤鸡肉卷,利落得连骨头都不用吐。在"男女通吃"的世界里,你是吃还是被吃?

用腌料在家自制奥尔良烤鸡，无论是整鸡、鸡腿、鸡翅，味道和餐厅毫无差别，或者再来一点创新，把鸡腿卷起来烤，中间裹着浓浓的蒜香味，肉的口感也更 Q。因为大部分工序需提前准备，可在派对上作为一道简单迅速的重磅菜，香气飘上来的时候，食客们早已坐立不安了吧！

蒜香奥尔良烤鸡腿卷

用到的食材：

鸡腿 2 只、蒜 3 瓣

用到的调料：

奥尔良粉状腌料 4 勺、料酒 2 勺、蜂蜜适量

做　法：

1. 鸡腿洗净，用厨房剪刀沿着鸡腿骨的方向剪，取出腿骨留下整块的鸡腿肉，蒜切碎粒。

2. 小半碗奥尔良粉状腌料加料酒、蒜粒混合，加入鸡腿肉中。

3. 戴料理手套将鸡腿按摩入味，冰箱冷藏腌制 8 小时以上。

4. 在案板上平铺一张锡纸，将腌好的鸡肉放在上面，鸡皮朝下。

5. 卷成卷，两边拧紧形成糖果的形状。

6. 烤箱 200℃上下火烤 20～30 分钟，取出去掉锡纸，刷蜂蜜，150℃上火暴露烤 15 分钟。

7. 烤好的鸡腿卷稍放凉用刀切厚片即可。

```
锦食堂小贴士
```

1. 用厨房剪刀代替菜刀剔鸡腿骨更加灵活方便。
2. 奥尔良粉状腌料可在超市调料区或者网店买到。

4. ● 咸蛋豆腐蒸肉饼——咸蛋黄随遇而安

东北某个城市习惯把未婚姑娘唤作"鸭蛋儿"，当年初去此城也被冠上鸭蛋儿称谓，初听感觉非常怪异，浑身不舒服。后来才知此"丫蛋儿"非彼"鸭蛋儿"，是女孩子的专属名词，在南方是小姑娘的意思。带着热乎乎的亲昵劲儿，以致后来离开那城嫁作他人妇，非常想重回故地，听满街的大妈热络地喊我一声"丫蛋儿"。

把"丫蛋儿"在头脑中自然转换成"鸭蛋儿"的人，非吃货莫属。"丫蛋儿"是女子中的尖果儿，而"鸭蛋儿"同样也是食物里的俏货。腌好的咸鸭蛋，蛋白从不咸得过分，蛋黄是黄里透红，软软的带着沙沙的口感，如果恰好遇见一枚冒油的好蛋，那真是要感慨今天人品爆发了。一枚咸蛋大头朝下在桌面上轻磕，用筷子挑去薄薄一层蛋白，即有黄亮的油脂冒出来，直奔主题挑一筷子蛋黄在冒着热气的白饭上，送入口中浓香直窜入喉咙，顿觉七窍通透。

在我的吃货履历中，鸭蛋和蟹黄一样，从来都是食物的高潮。就好像人生的高潮一样，可遇而不可求，所以我极少买鸭蛋，大闸蟹也只一年吃一回。总觉得无节制的"高潮"最终会变得寡味，面对美食，禁欲才是最好的春药……

我家的咸鸭蛋从来都是别人送的，从来都是小张或小王家的妈妈早早腌了咸蛋，待成熟派小张或小王送来十几个尝鲜，受赠者自然喜不自禁，我夫尤其是，夸张到在餐桌见到此物总要大喊一声："啊！今天有咸鸭蛋！"导致公婆看到这情景颇受刺激，每每我俩回老家，后备箱里总要多一个封得严严的青花小瓷坛，叮嘱着哪天一定要拿出来煮。回家掏出来看竟还用笔在蛋表皮标上日期，可见这咸鸭蛋是每个平常人家很重视的食物，美味，又带着那么点仪式感。听长辈讲食物贫乏的年月，好喝上几口又无钱买下酒菜的大叔们，一个咸蛋就着酒可吃上一个星期。老辈人的吃法是用刀把每个蛋竖剖两半，一牙一牙码在盘里，端上桌配大碴粥吃，那个味道，至今是我童年记忆中一个重要的味觉。

而如今咸鸭蛋不是什么稀罕物，我夫的吃法是速速掏完蛋黄吃掉了事，留下蛋白不搭理。而我的吃法是蛋白蛋黄混着吃，两餐吃完一个，最后剩下一个干干净净的壳。蛋黄固然好吃，但总要顾及下蛋白的感受，总觉得"荤素混搭"才心安理得。有时候别人送的咸蛋多，也会拿来做一些别的料理，最常做的方法是用来凉拌黄瓜，黄瓜的深绿浅绿点缀上若干黄黄白白，很是赏心悦目，不加任何佐料已足够好吃。也用来蒸肉饼，肉饼吸了鸭蛋黄的咸香，立刻变得有神采，与肉香融合得天衣无缝。也试过用咸蛋黄搭配蟹肉蟹黄来炒米饭，太香，香到腻，没有原则，每吃一口脑海里都冒出"胆固醇"三个字，于是作罢。出门外食，如果馋了，会点个蛋黄焗虾仁或南瓜之类，东北馆子做这个很拿手。再有就是金沙玉米，也是香得过分的食物，轻易不敢下嘴。

所以我对咸鸭蛋的态度是随遇而安的，可遇而不求。于是每年中秋就有了一个在月饼盒子里拼命找那块蛋黄莲蓉的疯女子，因为每盒里大概只有一块，找到即欣喜若狂。执拗地从来不出去买，如果没有，就等下一年。

等一枚咸蛋黄的态度，是随遇而安的安然，也是随遇而安的贪心，遇不见，就积攒下所有念想把等待酿浓。遇见了，不禁热泪盈眶，因为一个不期而遇的高潮总是来得格外感人。

今天上道咸蛋豆腐蒸肉饼，荤素搭配，低盐少油，蒸的过程中咸蛋黄的咸鲜与豆腐和肉馅融合得恰到好处，味道层次分明。是嗜肉减肥族的理想食谱，也适合做便当菜，反复加热味道不会打折扣。

咸蛋豆腐蒸肉饼

用到的食材：

猪肉馅 100 克、豆腐 100 克、胡萝卜 1/2 根（约 50 克）、咸蛋黄 2 个、香葱少许、姜少许

用到的调料：

生抽 1 汤匙、五香粉 1 小勺、鸡粉少许、淀粉少许、香油适量

做　法：

1. 胡萝卜去皮切碎末，香葱、姜切碎。

2. 豆腐用擀面杖捣碎，或用铁勺压碎成豆腐蓉。

3. 以上材料加入猪肉馅中，加入生抽、五香粉、鸡粉、香油搅拌均匀上劲，如黏稠度不够可加少量淀粉。

4. 用手将搅拌好的馅料整理成 4 个小圆饼，中间压一个坑。将咸蛋黄对切取半个放在坑内。

5. 将肉饼放在盘中入蒸锅蒸 15 分钟。

6. 蒸好后将蒸肉饼产生的汤汁倒入炒锅内，水淀粉沿锅边倒入，勾一个透明的芡汁，将芡汁浇在蒸好的肉饼上。

5 • 炸猪排咖喱饭——食欲大战

有人这样说："人生有三样东西不能掩饰，咳嗽、贫穷与爱。"可我总觉得要加上一样，那就是食欲。食欲作为人

的首要欲望，排在物欲色欲等诸多欲望之先。所以才有这样的趣味调查："如果极困、极脏、极饿三种状态同时发生，你该做何选择？先睡，先洗，还是先吃？"好吃如我，自然会选择先吃，我想大多数人都是如此，这是人类最原始的本能。

可本能一旦上升为欲望，就如一个不断鼓胀的气球，从干瘪到饱满直至"嘭"的一声爆炸。欲望不可无限制加码，过度需索终要归还，所以总是需要克制。宋人梅尧臣有诗："寝欲来于梦，食欲来于羹。"盘中餐作为食欲的来源，人们对待它的态度不尽相同，有人只求果腹，有人只需吃全营养，有人讲究色香味俱佳，有人喜欢把吃升华到形而上的层面上去，食欲暴涨永不止息，所以才有新闻报道：美食家死于胃癌。如果你食欲旺盛又新陈代谢缓慢，那就比较辛苦，如果不心甘情愿做胖子，只能为了保持一个纤瘦皮囊，长久与食欲斗争，拼了命一般，更有女明星们直言不讳："我十年不曾吃过饱饭。""饿对我来说是一种享受。"不能吃，多可怜。难怪美女们喜欢手捧华丽丽食物拍照，绽放出一个灿烂笑脸。或者如此刻的我，为了体重之忧，在饥肠辘辘的夜晚还要写一篇有关吃的文字。吃，有时候真是弥足珍贵的事情。

如果没记错的话，《飘》里有这样的章节，在参加草地烧烤派对之前，母亲紧张兮兮端着一碗漂着火腿的汤，督促着她的女儿先在家里吃一餐，小女儿皱眉嘟嘴说："不，烧烤派对上太多美味，为何要先吃这一盘？"母亲劝说道："女孩岂能在外面吃太多？先吃饱，才有矜持的吃相啊！"所以食欲在人们眼中真是可耻的东西，绅士淑女们用优雅的姿态把一小块吃食填进饥饿的胃袋中，回到家还要迫不及待煮一包泡面。食欲是私密的，只属于独处的自己或熟悉的亲人之中。有西方画家创作了一组暴食女子的油画，在食物堆中女人们抚着饱胀的胃，表情忧伤。

可我爱看狼吞虎咽的人们，是一幅活泼的市井图。男女初会若你的食欲不吓到对方，可发展的几率要大一些，毕竟先暴露食欲比暴露色欲要可爱得多。

周末给家人做炸猪排咖喱饭，让克制已久的食欲迸发出来吧！生活里最开心的事之一是和家人吃高热量美食，然后抱怨好撑，是这样吧？

炸猪排咖喱饭

用到的食材：

猪肉 200 克、鸡蛋 2 个、南瓜 100 克、洋葱 50 克、胡萝卜 50 克、海鲜菇 50 克、米饭适量

用到的调料：

淀粉 80 克、面包屑 80 克、日式咖喱块 6 块、盐适量、黑胡椒适量

做　法：

1. 南瓜、胡萝卜去皮和洋葱一起切小块，海鲜菇拦腰切一刀备用。

2. 锅内放少许油，下洋葱煸炒至透明，加入胡萝卜炒，再加满水，大火煮沸腾后转小火煮 10 分钟。

3. 加入南瓜、海鲜菇煮至食材变软。

4. 加日式咖喱块搅拌均匀，汤汁黏稠后咖喱汁就做好了。

5. 煮蔬菜的时候可以做炸猪排，选纹理细腻完整无筋膜的猪肉，里脊也可，切 1 厘米厚的大片，用刀背轻轻敲出纹路，使肉质松散变大。

6. 抹上黑胡椒与盐腌制片刻。

7. 将腌好的猪排蘸满淀粉，再浸入打散的鸡蛋液中。

8. 最后蘸满面包屑，用手压紧实。

9. 锅内加大量油，油温是筷子插进去周边冒气泡为宜，下猪排中火炸至两面金黄，猪排浮起即熟。

10. 炸好的猪排稍放凉切小块，盘中盛米饭将猪排放其上，再浇上咖喱汁就完成了。

6 ● 汉堡排——关于你的牛脾气

在生活里，你极力做一个优雅的人，发丝干净，衣着得体，时刻注意指甲的整洁情况与眼角的分泌物，善于把握微笑的分寸，衡量说话的尺度，会在接电话时用温和礼貌的声音说您好、打扰……

在旁人看来，你是一个待人温柔的好好小姐，可有时候你的一些举动常常让人大跌眼镜，所以他们对你说："锦，这时候的你看起来真是和平日大相径庭。"

的确，生活的表情非日日笑靥如花，总有一些事情让人怒不可遏，小至和恋人因某事观点不同引发争吵，大至因装修纠纷而据理力争，你一再镇定，最后还是忍不住激动，索性让愤怒的暴风雨来得更猛些吧！没错，你是一个骄傲的狮子女，你自信且仗义，同时你还有一个致命的缺点，那就是你的牛脾气。牛脾气非坏脾气，你不懂圆滑，永远带着那神圣不可侵犯的自尊，维系自己骄傲的小原则，并且对现实生活中种种不公与灰色地段保持大义凛然的轻蔑与正义感。

年岁渐长，人生观价值观逐渐定型，个性的特质就越发明显，面对你的牛脾气，你还真是吃了不少亏，所谓"死要面子活受罪"，这大概是每个狮子女的真实写照吧。幼时的你是个倔强的孩子，挑食受到父母责备时永远有 120 个理由为自己辩护，喜欢钻牛角尖，并一路执拗到底。大学毕业的第一份工作是美术老师，勤勤恳恳工作的结果却因为他人的过失而连带遭受批评，内心的小自尊薄如蝉翼，顷刻撕破，索性把校长办公室的门摔得震天响，狠狠撂下一句话辞职走人。同事说你走得够拽够潇洒，可放弃的是一个月的薪水啊！

　　成熟一点之后亦懂得婉转行事，但诸如此类的事情依旧上演，老虎不发威你以为我是 HelloKitty 吗？永远爱憎分明，喜怒形于色，投缘的朋友自然酒逢知己千杯少，对厌恶的人热情伪装不了三天即敬而远之。或许有人安慰你这是孩子般的执拗与天真，但这个纷杂混沌的社会，远非理想世界那般单纯，庄重的外表之下有其并不美丽的既定轨道，不懂化直为曲的人自然要活得累一点，无奈你是生活里的一个大多数，依旧要朝九晚五束缚在套裙与高跟鞋里通过劳动分一杯羹，以求生存。

　　那么可不可以放低你的牛脾气，有时候适度虚伪也是一种美德，把生活狰狞的嘴角挑一个弯，换一种姿态走路，换一个角度看风景，那么生活之于你是否会变得可爱一些呢？当然，有些事若是触碰内心底线，该牛还是牛一下吧！或者你在家，煎一份好品质的牛肉汉堡排，热气蒸腾间，把喜怒溺死在食物里，也是一件足够牛气的事情吧。

　　我的屌丝胃饥饿时想得最多的不是西餐厅"高贵冷艳"的牛排，而是亲民的汉堡排，想念它浓郁肉汁搭配足量米饭带给人的温暖安全。一块好品质的汉堡排，并非通常认知中粗劣的牛肉饼，自家出品的快餐范儿食物，也会因好食材与好心情散发出暖暖的正能量来。

汉堡排

用到的食材：

牛肉馅 200 克、猪肉馅 100 克、洋葱 1/2 个、鸡蛋 1
个、蒜 2 瓣、面包屑适量

用到的调料：

番茄酱 2 勺、酱油 2 勺、清酒 2 勺、牛奶 2 勺、味啉 1
勺、盐适量、糖适量、黑胡椒适量

做　法：

1. 将牛肉馅与猪肉馅混合，2/3 洋葱切碎，1/3 洋葱用
研磨器磨成细粒，蒜捣成蒜泥。

2. 锅内放少许油，下洋葱碎炒至透明。

3. 将肉馅、鸡蛋液、炒好的洋葱碎、面包屑、盐、牛
奶混合均匀，顺一个方向搅拌上劲。

4. 用手蘸一点油，把一团肉馅整理成小饼状，大小视
需要而定。盘内铺一层油纸，将肉饼放置其上，冰箱冷藏约
1 小时。

5. 平底不粘锅倒入少量油，油热后放入肉饼中火煎 1
分钟，倒掉煎出的水分，翻面继续煎 5 分钟左右，熄火盖锅
盖闷 2 分钟，如果肉饼厚煎制时间需长一些。

6. 锅中倒入清酒、番茄酱、酱油、味啉、黑胡椒、糖、
蒜泥、洋葱细粒混合成调味汁，烧开。倒在煎好的汉堡排上
即成。

1. 肉饼一次可以多做些，用保鲜袋逐个包好，冰箱冷冻，需要时取出解冻煎制。

2. 搭配土豆泥或米饭最佳。

7. 麻辣香锅鸡翅根——舞蹈料理师

我很少吃路边摊，并非因为不屑、嫌脏，而是可以吃路边摊的机会真是很少。吃路边摊，总是需要特定的时间、特定的氛围、与特定的人一起，好似在偌大都市中当街与故人邂逅，是格外轻松难得的契机。最好的季节应该是夏季，酷暑散尽的夜，晚风清凉，食欲忽然涨潮，定要约上一位密友或亲人，是那种能够卸下平日面具放心地让他看到你酣畅吃相的人。最好是没有工作的周末或者一项重大任务完成后的轻松时间。情绪上呢，当然是开心到爆或凄凉到想找人喝上一杯的心情，总之是生活里少有的真实一面，缺少以上任何一样，路边摊计划都不能成行。

夏天快过去的时候，与朋友逛街逛到夜晚，商议着是否要找家餐厅吃饭，可是午餐吃得太饱，实在没有胃口再消化一顿正餐，这时恰巧看见商业街举办美食节，眼前一亮，吃路边摊吧！逛过一圈，惊叹不已，这哪里是小吃摊，简直是舞林大会！路边摊料理师们头上包一块花色头巾，紧身 T 恤裹着壮硕身体，手臂比常人粗壮黝黑一些，在劲爆到震耳欲聋的音乐声里挥动锅铲，扭腰、转圈，每一次颠勺、撒料都配合音乐舞动着。舞蹈是随性的，但那种快乐到要死的亢奋劲儿，足以让每个食客看呆。卖蚵仔煎的台湾师傅跳得最猛，不时与旁边烤新疆羊肉串的小阿弟来个舞步互动，可能是入夜，蚵仔并不很新鲜，若是碰到化着浓黑眼妆的妖娆美女给的分量要加倍。音乐是夜店的劲爆嗨曲，一听每个关节都有动起来的欲望，料理师沉醉在自己的小世界里，食物在煎锅里发出嗞啦啦的声音，等在旁边的一小撮食客也躁动起来，音乐与舞蹈在此间流动，于是这个夏季夜晚的快乐就这样透支了……

买上这样一份食物，不管美味与否，吃着吃着都会笑起来。就像大厨们的美食宣言：把好心情融进烹饪里，食物就会变得格外好吃。无论是路边摊料理师们的劲爆舞姿还是关起门在自家厨房扭着屁股煎蛋，快乐都是最好的一味调料，在轻快的音乐声中撒进去，朴素的吐司都会有鹅肝的味道。

所以我欣赏快乐工作的人们。记得那年刚毕业初涉职场，难免有些紧张，于是向小姨取经，小姨自从工作以来一路顺风，运气加上努力使她年纪轻轻坐上高管位置，可谓职场女王。女王点拨我说："职场新人首先要夹着尾巴做人，不可锋芒毕露，人际关系至关重要，见到同事要微笑，如果是上司最好半鞠躬……""半鞠躬？这太夸张了吧，有点卑微不是吗?"女王又答:"微笑、鞠躬，表示你对工作与工作伙伴的高度尊重，与尊严毫不相干，照做就是。"于是我在某个清晨遇到总裁，微笑，继而扭捏地微微鞠躬，果然奏效，不消几日我已是上下打成一片的职场新人类。

这是快乐的力量，好像在夜晚挥着锅铲舞蹈的料理师，从开始时的伪装慢慢热场，于是真的就快乐起来，惯性似的，一发不可收。在生活的大厨房里，愿我们都是舞蹈着的料理师。

一直觉得麻辣香锅是宴客的好菜，如今少有人不嗜辣，可关乎吃食却众口难调，索性挑各色食材，荤荤素素做上一大锅，热腾腾吃完，比一盘盘矜持的小菜来得尽兴。家庭自制麻辣香锅，只要掌握一个靠谱的方子，赶超餐厅并不算是难事，最最重要的是要备一口大锅才好。

麻辣香锅鸡翅根

用到的食材：

鸡翅根 500 克、莲藕 200 克、杏鲍菇 100 克、干香菇 30 克、木耳 30 克、姜丝适量、蒜 4 瓣、葱 4 段、麻辣花生适量

用到的调料：

八角 2 颗、干红辣椒 15 个、香叶适量、花椒适量、小茴香适量、桂皮适量、丁香适量、郫县豆瓣酱 2 大勺、麻辣

火锅底料 2 大勺、料酒 2 勺、生抽 2 勺、盐适量

做　法：

1. 鸡翅根洗净用刀竖直划开一个长口子，按压鸡翅根，使其更平整利于之后的料理。

2. 鸡翅内加入料酒、生抽、少许姜丝、盐，抓匀码味，腌 15 分钟。

3. 干香菇、木耳泡发，杏鲍菇、莲藕洗净改刀成薄厚适合炒制的片，然后把这几样食材用水焯半熟备用。

4. 锅内倒比平时炒菜多一些的油，下八角、干红辣椒、花椒、香叶、小茴香、桂皮、丁香小火慢慢煸炒 3～5 分钟，直到香味散发出来，将油和香料一起倒入碗中放置一会儿备用。

5. 平底不粘锅内留少许底油，将腌好的鸡翅两面煎至金黄。

6. 洗干净锅重新倒少许油，下葱姜蒜爆香，下郫县豆瓣酱、麻辣火锅底料炒出红油。

7. 再下所有食材，加入炸好的香料油大火快炒，加入生抽、盐调味，出锅后撒麻辣花生即成。

锦食堂小贴士

1. 做麻辣香锅的食材可以随意更换，除了绿叶蔬菜外，其他食材需要焯至半熟，肉类食材需要事先加工熟。

2. 郫县豆瓣酱和麻辣香锅底料都含有盐分，炒制时减轻调味，以免过咸。

8 ● 梅干菜烧排骨——原味生活

有这样一个笑话：要想鉴别一位美女是否天生丽质，最好的办法是把美女放进泳池里涮一涮，后天美女卸去了胸垫、臀垫、胭脂、粉底的武装顷刻原形毕露，而经历此番折腾依旧美丽动人的姑娘，才真是个如假包换的原味美人。吃食也是如此，原味奶茶、原味冰激凌、原味拉面、原味吐司、原味巧克力……在餐馆里热衷点原味食物的人，最贪心、最善耍小聪明，舍弃了葱香味、麻辣味、番茄味、咖喱味，品尝原味才最能鉴别吃食的优劣。

此刻我手里有一本很原味的书——《美味关系：茱莉与茱莉亚》，一位住在纽约皇后区陈旧公寓里的小秘书，一本古怪繁琐的旧食谱，365 天里做出 524 道法式大菜。黄油、芝士、蛋黄酱、牛骨髓的浓厚味道之下，呈现出的却是最真实斑驳的原味人生。茱莉·鲍威尔的真诚、坦白、不矫饰，甚至还有那么一点尖刻、歇斯底里，却是我爱上她的原因。

应编辑之邀有幸为此书写了一条小小的推荐语，她说："你跟茱莉的经历简直如出一辙呢！"的确，阅读此书真是有许多亲切感与认同感，让人在某句话、某个小细节上会心微笑。虽然我不认识茱莉，但我们确实有很多相似的地方：美食博客作者、一年的厨龄、奔三的年纪、高中时代的男友、陌生城市的新生活、不尽如人意的事业、歇斯底里的女愤青……

或许在茱莉为一根牛髓骨满世界梭巡的时候，我正为在超市里找到新奇的调料而欢呼。当茱莉战战兢兢谋杀龙虾的时候，我正为几只逃匿的螃蟹而翻箱倒柜。当茱莉为失败的肉冻镶蛋而骂骂咧咧时，我正做恼人的戚风蛋糕而屡战屡败。当茱莉为第一条博客留言而惊喜万分时，我正为博客里一句小小的鼓励而斗志满满地做菜。

那一年我辞掉工作跟着男人来到陌生的 A 城，没有朋友、没有合适的工作、近乎自闭的生活，甚至没有最基本的生活经验，一切从填饱肚子开始，于是我在租住的小公寓里开始学习做菜，开通了"锦。食堂"美食博客，尽力做漂亮的食物，写明亮的文字，我在日志里面写：它为我的生活开了一扇窗子，我坐在里面，像极了一个快乐的热爱生活的女孩子……

美食拯救人生？未免太严重了些吧。但当你的人生一不小心出了点岔子，脱离了既定轨道的时候，你开始焦虑并觉得沮丧。你把一块自制的巧克力蛋糕塞进嘴里，填补了最本能的口腹之欲，眯起眼睛，嘴里发出满足的声响，你就不再是那个郁闷小姐，索性让那些徒劳的思考见鬼去吧！

做饭、吃饭，恐怕是最直接的安慰，是味觉上的，也是心理上的，有时候你脚下的路阡陌纵横，莫不如直接选择最好走的一条，最好走又有什么不好？茱莉选择了炮制茱莉亚的食谱拯救人生，用最简单、原始的方式获得了心灵救赎，这真是一个聪明的选择啊！

阅读茱莉·鲍威尔式的美食文字，食物的浓香升腾出一段幽默、智慧，而又无比真实的人生态度。舒服的生活状态是一双穿得合脚的鞋子、一份简单的家常美味、一段坦诚相对的情感，是最质朴的原味，品来却甘之如饴。

梅干菜和肉在一起是绝配，凝固的浓郁植物香气遇到融化的油脂，热锅快炒中嗞啦啦蒸腾出迷人的味道，再撒一把冰糖来提鲜，一派嗲嗲的南方风格料理，正好迎合我这北方人的南方胃。快出锅时得防备家中贪嘴食客随时偷吃，要不然进厨房时肉有一盘，端上餐桌来梅干菜渣都不剩，岂不是很窘？

梅干菜烧排骨

用到的食材：

猪小排 500 克、梅干菜 100 克、蒜 3 瓣、姜丝适量、葱适量

用到的调料：

生抽 1 勺、老抽 1 勺、料酒 1 勺、冰糖 50 克、盐适量、植物油适量

做　法：

1. 猪小排洗净清水浸泡半小时倒出血水，水开后倒入锅中飞水，撇去浮沫捞出沥干水分。加入姜丝、料酒、盐抓匀，腌制 20 分钟。

2. 梅干菜洗净泡发去杂质，用清水淘洗几遍。葱切段，蒜用刀背压扁。炒锅内倒入少许植物油，下葱、蒜爆香，再下排骨大火快炒。

3. 加入梅干菜，再加生抽、老抽调味。

4. 倒入清水，水量以没过排骨为好，大火烧开转小火慢炖 40 分钟以上。

5. 肉熟烂后撒入冰糖、盐。

6. 开大火收汁，中途翻动几次防止煳锅。

锦食堂小贴士

1. 梅干菜中含有盐分，所以料理过程中调味适度减轻。

2. 冰糖也可用白糖代替。

9 ● 酸菜炒五花肉——以文字下酒

读李碧华，必要饮上一杯酒的，《霸王别姬》《胭脂扣》《青蛇》《饺子》……凛冽、冷艳，像初冬薄雪上的几滴猩红点子，蓦然相见，触目惊心。烫一壶滚热的老酒，青瓷杯里是沉郁的朱砂色，一路顺着肠胃暖下去，飘飘然，飘飘然，要不然怎可抵御这忽然窜进心底的冷飕飕。

偶然看到有人提起她的饮食档案，真是孤陋寡闻，李碧华原来还是个食家。在网络书店下了购书单，心心念念地等，恍若等待与旧情人的约会，忐忑与欢愉都被掩饰得小心翼翼，又暗自窃喜，呵呵，这回岂不是连下酒菜都有了！

李碧华的饮食档案共有六本，第一本《焚风一把青》，黑色封面衬一抹透明绿水彩，每篇说一样吃食，是她一贯的笔调，不过文字更精简，不过几百字，除了插图有些不尽如人意，一切都不辜负我的想象。

总觉得吃最能看出人的本性，有人喜甜，有人嗜辣，有人无肉不欢。翻开李碧华的食谱：神仙膏、黑白汤、恐龙蛋、师姐虾、白玉饺、夜明砂……一道道魅惑地摆在你面前，哪里敢吃？唯有听她娓娓道来，原来也不过是些人间烟火，老字号、新餐馆、大排档、超市新品、街边小吃，原本是稀松平常的食物，经她写来却妙趣横生，于是纸片肉干"心比天高、命比纸薄"，叉烧包里伸出一只"涂红蔻丹的艳手"，黄瓜冻糕里画上一幅青绿山水，蘑菇汤里也要加一杯红茶的风雅。

红楼梦里妙玉请人来吃茶，喝的是梅花雪，用的是青玉杯，没有绝世才华作底哪来这样的傲气？李碧华同样有才、会吃，也唯有写吃才让她卸去了凌厉的脂粉，坦诚相见，竟也亲近起来。

　　她说："人间烟火，哪有极品？只因当时饥渴，所以销魂。"此刻筵席未散，而我已醉了。

　　酸菜本不是风雅之物，但与五花肉结合却可豪迈地下酒。自从在亲戚家的小院吃过私房酸菜碳烤五花肉，顿时感到与这两种食材相见恨晚。五花肉经过碳烤，表面渗出晶亮的油脂，这时候加以清新酸爽的东北酸菜，柔润与清洌结合得恰到好处，这味道可以销魂。于是馋了也在家中自制，选平底不粘锅煎炒，虽然少了炭火的特有焦香，但操作简单不用大费周章，足以一解相思。

酸菜炒五花肉

用到的食材：
五花肉 250 克、酸菜 200 克、洋葱 1/2 个

用到的调料：
花椒粉 1/2 勺、生抽 2 勺、盐适量、植物油适量

做　法：

1. 五花肉去皮冷冻 30 分钟切薄片，洋葱切粗丝备用。

2. 酸菜清洗 2 遍用手攥干水分。

3. 酸菜中加入洋葱丝、生抽、花椒粉、植物油、盐拌匀，腌制 30 分钟。

4. 平底不粘锅内刷一层油，锅热后将五花肉在锅中平铺，中途翻面，肉煎到边缘金黄渗出油脂为好。

5. 将五花肉铲到一边，在锅另一半放入腌好的酸菜和洋葱，用筷子翻炒，稍稍煎烤一会，再与五花肉拌匀即可。

锦食堂小贴士

吃时也可蘸烤肉蘸料。

10 ● 啤酒炖牛肉——写给米饭的情书

那时她心气盛，感情热烈，深夜与他长途电话眼泪泛滥竟淹坏手机，两年的异地恋终于让她败下阵来，第二天当即辞职，买了体积庞大的家居用品打包托运，家人笑她连砧板、洗菜篮都已买好，当真要跟着男人过日子去了？她沉默，决意离开喜欢的城市，带着巨大的行李投奔他。

她当时不会做饭，把菜谱抄在本子上，一道道如法炮制，每日他下班，她的厨房狼藉如战场，紧张兮兮端出两菜一汤，时刻观察他品尝后的表情，他必要说好，吃下两碗米饭，作心满意足状，否则她会失望，殊不知她从前连生肉都未碰过，一道炒青菜亦做得忙碌慌张。

A 城的小市场，蔬菜干净，水果鲜洁，亦有大量海鲜贩卖。她大多不会做，就称带鱼两条，回家戴着塑胶手套皱眉嘟嘴收拾鱼内脏。读书时她长发长裙，日日窝在寝室里啃得下大部头的书，真正算得十指不沾阳春水的淑女，而生活里选择一个身份或者决意要做的事情，必然要付出对等的代价。她为着一份感情，挤在超市里蔬菜摊前勤勤恳恳挑豆角，或者在临时租住的小公寓里煎带鱼煎得晕头转向，他回家见满屋子烟，疑心起火。冲进厨房见"纵火者"高举烫伤的手指，见他就哭。他跑下楼给她买烫伤药，涂药包扎好，随后她才傻兮兮破涕而笑。

他爱吃带鱼，她便学着做，做得久了便也得出经验来，知道怎样做鱼不会碎，怎样除去腥味，原本慌乱的厨房劳作，竟也从容起来。她每逢做带鱼，定要煮出比平日多一倍的米饭，鱼端上桌，入口香浓，是下饭的好菜。她喜欢坐在他面前，看他酣畅淋漓地解决掉所有米饭，内心有十足的成就感。她向来爱饲养宠物，小时候拿着青菜喂蜗牛，看绿色青菜从蜗牛透明的身体中一点点传送进去，足足可出神看一整天。喂养，这是她的癖好，她把这"喂养"的癖好说出来，他佯装愤怒，拍她额头。而她喂养的这个男人胃口好、不挑剔，饱餐后吼着歌剧刷碗盘，她听见嗤嗤发笑，烟火气又怎样？书卷气又怎样？到底都要回归平淡，而有个人肯陪你走这一程，已是足够幸运。

也记不得哪位美食家说过，美食不可贪婪，最多三次下箸，否则失去品的美妙。而在她看来，炒一盘菜，你的食客足够赏脸，吃得一点汤、一粒米都不剩，才是大快意。好的下饭菜正是写给米饭的情书啊！而她之于他的"喂养"又何尝不是呢？

这道菜是妈妈的传家菜，牛肉醇厚微辣，肉筋软烂多汁，再加上啤酒与牛肉慢慢炖出来的独特浓香，征服全家人的胃口。炖好的牛肉可切小块蘸着酱汁吃，也可以切薄片早餐夹馒头吃，或者把炖肉汤汁做汤底即成一碗高品质的牛肉汤面。啤酒炖牛肉真是一道百吃不厌的能量菜。

啤酒炖牛肉

用到的食材：
牛腱肉 1500 克、啤酒 1 瓶、姜 4 片
用到的调料：
辣椒酱 4 勺、生抽 4 勺、白糖 4 勺、八角 2 颗、花椒少许、桂皮少许、植物油适量
做　法：
1. 牛腱肉用清水洗净切大块浸泡 1 小时去血水，水开后煮 3 分钟，撇去浮沫。
2. 煮好的牛肉捞出，用厨房纸巾擦干水分备用。
3. 炒锅倒入平时炒菜分量的植物油，油六成热时下白糖中火炒匀，直到糖变成咖啡色开始冒泡下牛肉翻炒，糖色均匀挂在肉块上为好。

4. 把炒好的牛肉转移到高压锅内，撒入八角、花椒、桂皮、姜片，再加入辣椒酱和生抽。

5. 倒入啤酒，啤酒量没过牛肉。

6. 高压锅炖煮约半小时，用筷子轻松扎透为好。将牛肉浸泡在汤汁中，吃时切片，连着汤汁一起加热。

```
锦食堂小贴士
```

1. 牛肉最好选多筋的牛腱肉，炖好的牛肉和肉筋有双重口感。

2. 辣椒酱最好不要选择泡椒类型的，类似阿香婆辣酱那种油脂较多的为好。

xià wǔ chá

下午茶

14:00

1. ● 红豆双皮奶——点儿童餐的大人

"先生请点餐，A 餐？B 餐？C 餐？""哦不，是儿童餐。"点了儿童餐的大人把外卖纸袋塞进公文包，回到家踢掉鞋扯下领带，从纸袋里拿出一只玩具河马小心翼翼放到它的伙伴当中去，终于凑齐最后一只，他不免得意地笑笑，随即陷进沙发用壮硕手臂抓起小汉堡塞进口中……

在餐馆里点儿童餐的大人多半有一些小情结，或许人将奔三，或许早已为人妻、为人夫，依旧热衷白袜球鞋，圆领蕾丝连衣裙，文件包里有一本漫画，衣橱里藏一群芭比。他们是白领、公务员、教师、医生、CEO，他们带着成熟而严谨的表情，在社会中做着复杂的、专业性极强的工作，他们是一群精英，精英们在努力扮演着大人。

小白领的消遣是上下班的漫长地铁时间里读完一整套漫画，公务员的周末会窝在家昏天黑地看上几十集海贼王，教师会把课堂没收学生的海绵宝宝塞进自己的抽屉，CEO 的早餐是牛奶泡动物饼干，而医生则要穿粉红睡衣抱粉红 HelloKitty 才睡得着……

他们无非要找回一些东西，把年龄定格在那个或缺失或完满的童年，7 岁那年丢失不见的金发碧眼洋娃娃如今可以买一个新的，8 岁那年心心念念的圆头红皮鞋可在商店里买上一双 37 码的，潮流店里开始卖起不倒翁娃娃和铁皮青蛙，影院新上映的电影是《变形金刚》，型男的 T 恤衫上印着阿童木的大眼睛。

于是 80 后开始集体怀旧了，集体恐慌了，他们不停追问你还记得喔喔奶糖、小浣熊干脆面、邻居家的小男孩以及大明湖畔的夏雨荷吗？他们焦虑地追忆着你的同桌、你的初恋、你的初吻是否是像花儿一样散落在天涯？当他们终于结婚生子，女人是否会带着男人去听张学友的演唱会，母亲是否会津津有味看起奇幻恐龙片而忘记旁边吓得哇哇乱叫的小女儿，当他们老去他是否记得买给她最爱的香蕉奶昔，一起促膝重温爱丽丝梦游仙境？

在餐馆里点儿童套餐的大人们，是多么可爱的一群，但愿你们的人生里存留有一处角落，好似儿童套餐，永远纯粹，永远馨香，永远童心未泯，永远热泪盈眶，永远患得患失，永远酸酸甜甜。

广式甜品中爱极了红豆双皮奶，不是因为牛奶的香，也不是因为红豆的甜，最最销魂的是停留于唇齿间冰凉滑嫩的口感，从舌尖到喉咙一路滑下去，夏日恹恹的情绪也醒了大半。自家厨房若操作熟练，双皮奶也是一道简单易做的甜品料理。

红豆双皮奶

用到的食材：

全脂牛奶 400 毫升、鸡蛋 2 个、红豆沙适量。

用到的调料：

糖 4 勺

做　法：

1. 全脂牛奶在奶锅中用小火加热，将要沸腾时熄火。

2. 将牛奶倒入两个碗中静置，直到牛奶表面结出奶皮。

3. 将奶皮用竹扦轻轻挑一角，把牛奶缓缓倒出，在碗底中央留下一层奶皮。

4. 鸡蛋去黄取清，将蛋清搅散后与糖、牛奶混合，用纱布滤去表面泡沫，倒回留有奶皮的碗中。

5. 将碗口用保鲜膜包好，入蒸锅隔水蒸 10 分钟左右，放凉入冰箱冷藏片刻，加红豆沙食用。

锦食堂小贴士

1. 传统做法是用南方水牛奶，家庭制作可用全脂牛奶代替。

2. 如喜欢更甜的口味可将红豆沙换成蜜红豆。

2 ● 姜撞奶——老男人的温度

有些口味的确是需要慢慢懂得的，比如胡椒，比如姜。当年那个黄口小儿皱眉嘟嘴从菜里挑出姜，丢下碗就跑开。谁料若干年后性情突变，忽然爱起姜来。滚热的黄酒与刚蒸好的螃蟹若无姜丝点睛，定是要暴殄天物了。或者在广式甜品店里点一碗姜撞奶，用勺子舀入口中，姜原本的辛辣味被温热的奶香包裹，形成一种突兀却柔和的口感，在唇齿间缓慢消融掉。冰山与火焰，暴烈与温柔，每当这时她总会矫情地想起这些。

她与女友逛街、谈心、聊八卦，当女友花痴于韩剧中的男一号花样正太时，她迷恋的却永远是男二号眼镜大叔。女友惊诧："原来你口味如此特殊？"她笑，口中送进一勺姜撞奶，故作深沉地说："姜，还是老的辣！"

与老男人的恋爱，好像在厨房里试做姜撞奶，得与失，成与败，都是一场有关温度的周旋。惊鸿一瞥浓缩成碗底一勺姜汁，新鲜、热辣、过期不候。锅里滚热的牛奶是被点燃的心，需忐忑守候，又要见好就收，在接近沸点时熄火。然后放凉，再放凉，按捺住你熊熊燃烧的欲望。她少女的芬芳饱满撞进他中年平和火热的心，狭路相逢，一石激起千层浪……

　　若不是高明的厨师，请别爱老男人，好似冲撞进姜汁中的牛奶，太热过犹不及，易两败俱伤，太冷彼此互不来电，早早打入冷宫。一点差池都会失败，变成一碗苦涩难咽的姜味牛奶。唯有冷热适度，不疾不徐，才有翻盘的胜算。原本风马牛不相及的两种味觉，经过这微妙的瞬间转换，中和成一种柔和却不失坚韧的口感，易成瘾，欲罢不能。

　　可以爱老姜，但别爱老男人，这从来都是危险游戏，需要高智商与大气魄，赌注高昂，稍有不慎赔上去的是整个青春，不经世事的小女生怎么承受得起？

　　最近在研究广式甜品，试做姜撞奶，传统制作方法应选用水牛奶，北方没有就用了全脂牛奶代替。效果虽不如传统制作方法凝固性强，但味道口感尚可。只要掌握好温度，是一道简单、美味、操作性强的甜品。姜撞奶：又称姜埋奶，广东番禺一代传统美食。由牛奶、糖、姜汁，经过温度的微妙变化凝固而成，将牛奶的醇厚与姜的辛辣中和成一种浓稠芳香的味道，口感香醇爽滑、甜中微辣，且有暖胃的作用。

❖❖❖❖❖❖❖❖❖❖❖❖❖❖ **姜撞奶** ❖❖❖❖❖❖❖❖❖❖

用到的食材：

老姜 30 克、全脂牛奶 250 毫升

用到的调料：

砂糖 2 勺、红糖少许

做　　法：

1. 选新鲜的老姜去皮磨成姜泥或捣碎。

2. 姜泥装入咖啡过滤纸或细纱布内，挤出姜汁。

3. 全脂牛奶入锅煮至轻微沸腾关火。

4. 牛奶中加入适量砂糖搅拌均匀，稍稍放凉至 80～90℃，太热或太冷都不易凝结。

5. 碗中加入适量姜汁，姜汁与牛奶的比例为 1：10 或 1：8。

6. 将牛奶从高处冲进姜汁中，动作要迅速，这就是"撞"的步骤。

7. "撞"好的姜汁牛奶请勿搅拌，静置 10 分钟左右即可形成类似豆花的凝结状态。也可加入少许红糖点缀调味。

锦食堂小贴士

1. 做姜撞奶一定要选全脂牛奶。

2. 砂糖不可省略。

3. ● 牡丹饼——点心有毒

宫斗剧看多了，但凡见人吃点心总会犯强迫症。在那人刚下口的瞬间贱贱地大喊："别动！点心有毒！"若是有同样神经的人来配合，会立刻做浑身抽搐状，身体僵住眼神直勾勾地盯住，嘴里哽咽发不出声，最后伏案而倒，还要留一只垂下来的胳膊摇啊摇啊摇……

宫斗剧里的女子真是太忙了，不仅要花工夫保持青春容颜，还要费尽心思争宠，周旋于宫中复杂的人际关系，最牛气的是要练就下毒的手艺，即使是善良正义的女主角，也得有辨毒、防毒的本事。害人之心不可有，防人之心不可无，否则一开场就要被人毒死了，接下来又该怎么演绎刀枪不入、百毒不侵、出淤泥而不染的金刚不坏之身？

宫斗剧里最经典的下毒桥段非点心下毒莫属了，红盘中盛一碟酥酪或糕饼，由小宫女端着颤巍巍送到小主面前，接下来就是一番腥风血雨、勾心斗角的美人心机。时间长了点心下毒的桥段看得人腻烦，于是现今的宫斗戏也有了升级。最近的《甄嬛传》里，点心下毒是最粗劣弱智的手段。愚钝如齐妃，听信了安陵容夹竹桃下的挑衅，急急地做了一盘掺了夹竹桃的点心送给甄嬛，女主角当然不能上当，一开始就被拆穿。高级些的点心下毒方式是曹琴默的木薯粉马蹄羹，又拿了亲生女儿的健康作筹码，即使机关算尽也终落不得好下场。

好像下毒，从来都是宫斗戏的关键词，种种心机与暗算轮番上演，最后让人记得的也不过是我毒死了你，或者你毒死了我。据说"总局"已下文：将限制宫斗剧在黄金档播出，因为夸大宣扬了"人性本恶"的一面。不过古代宫廷生活里帝王饮食由太监试菜防毒倒是真的，银筷、银针之类哪有亲尝来得准确，苏州观前街里的太监弄据说高档食肆云集，这是用人命的代价换来的"好品味"。不仅是中国人心机重善下毒，西方人也有下毒的历史，据说 17 世纪后出现了一批职业投毒者，常被有钱人雇佣，甚至也会受雇于欧洲皇室。

这些听起来好像都是传奇般的故事了吧？听来乏味又有点狗血，可现实中的人生里有关下毒的惨剧岂止一桩，最轰动的应该是王姓歌手被下毒案。此歌手在事业巅峰忽然隐退消失无踪，有人怀疑被公司雪藏，有人猜测因为婚姻失败，最骇人听闻的爆料竟然是，被下毒！据说他早年被人在饮料里下毒而使嗓子严重受损，更是因此得了厌食症一蹶不振。我不愿意相信这是真的，生活又不是宫斗戏。可有时候，生活真是比宫斗戏残忍千百倍。

总有这样的新闻见诸报端：男人毒死了兄弟，女人毒死了丈夫，最吃惊的是，母亲毒死了婴孩。所有看似荒诞不经的新闻和案件背后，都交织着贪婪与仇恨，在权力与物欲的引诱下沉堕下去的人们，都是一场惨绝人寰的悲剧。观者只是扼腕叹息，因为我们一点都不疼。

连宫斗戏编剧都知晓在食物里下毒是拙劣的把戏，而现实生活中，这却成了常态。不仅有加了多种添加剂的水煮鱼、杭椒牛柳，还有用亚硝酸盐腌制的培根，明艳、鲜嫩、香气四溢。更绝的还有瘦肉精、牛肉膏、染色馒头、回炉面包、避孕药黄瓜、毒韭菜、毒豆芽、毒花椒、毒蘑菇、毒银耳、毒蜂蜜……宫斗戏你们都弱爆了！若穿越来现代，哪一样不让他们瞠目结舌？最不可思议的是皮鞋果冻，最无人性的是三氯氰胺奶粉。说不下去了，悲哀。

中国人停滞不前的东西实在太多，唯有"下毒"的智慧永远在"进步"。

牡丹饼也称萩饼（春天时叫牡丹饼，秋天时叫萩饼，以形似牡丹命名），据说此饼唐朝时从中国传入日本。方法是从日本的美食博客学来，红豆香甜、糯米绵软，我好奇用红豆馅包糯米的方式，于是决定一试，家庭做来只是费点时间，操作起来不难，总好过外面的点心。

━━━━━━━━━━ 牡丹饼 ━━━━━━━━━━

用到的食材：

红小豆 200 克、东北大米 150 克、糯米 150 克

用到的调料：

白砂糖适量

做　法：

1. 红小豆洗净清水浸泡一夜，取汤锅放入红小豆，加入多于食材五倍的清水。

2. 大火烧开后撇去浮沫，小火慢煮 1 小时，其中勤开盖观察、撇浮沫，如果水量太少而红豆未软烂可加适量热水。

3. 直到水减少到五分之一时加入适量白砂糖（分量随口味而定），不停搅拌直到红小豆熬出黏稠适度的、能捏成团的豆沙为止。

4. 熬豆沙的时间可以焖糯米饭，糯米与东北大米的比例为 1：1，淘洗干净后入电饭锅按正常煮饭程序操作，水比平时多一点点。

5. 红豆沙分成小团，取一团于掌中拍平，中间放一小团糯米饭，合拢掌心用红豆沙包住糯米团，整理成椭圆形即成。

锦食堂小贴士

煮红豆也可用高压锅，以节省时间。

4. ● 素食绿豆酥——体贴你的全素食

　　某日去参加素食宣传聚餐会，打算带些自制素茶点，问组织的朋友可否允许有蛋奶及黄油的成分，对方答复说纯净素食者是拒绝任何动物性食品的。这可有些为难，遍寻西点方子，触目皆是"打发黄油""加入数枚蛋"等字样，难道就找不出纯素的点心配方了吗？朋友一语点醒我："试试中式点心如何？把酥皮点心里的猪油换成植物油，起酥效果虽然不佳，但完全可达到纯净素食的要求。"于是选了黑芝麻和绿豆两种食材制成酥饼，配上消腻的普洱，应该可算合格的素茶点了吧。本以为百密无一疏，可席间一位纯净素食的姐姐提醒我，酥饼上面为了美观而刷上的蜂蜜也属动物食品的范畴，只能给不完全素食者食用。于是惊叹完全素食者选择食物竟有这样严格的自律！

　　原来我所理解的素食是广义的，以不杀生为戒尺，允许动物的副产品出现，例如蛋、奶制品、蜂蜜等食材。可素食者中最严格的一群却是纯净素食主义，只吃蔬菜、水果等植物性食物，拒绝任何与动物相关联的食材。佛教徒的素食戒律中更是摒弃葱、蒜、韭等"五荤"。

　　在中国作为一个完全素食者是极难的事情，食品中添加的钙粉、水解胶原蛋白、甲壳素、乳化剂、卵磷脂，甚至可口可乐、药品胶囊都有存在荤食的可能！所以素食者着实让人敬佩，环保、健康、节制，吃素不仅是身体力行的博爱，更是一种修行与自持。

吃，作为人类生存的首要欲望，已不仅仅是满足果腹之需，百姓餐桌已讲究"食不厌精，脍不厌细"，美食家们更以遍寻天下美食为荣耀，而我作为一个单纯的吃货，也为在某地吃到一个好馆子而心心念念。当人的食欲不断暴涨，H1N1、SARS、禽流感、疯牛病是天灾还是人祸，当大自然狠命反击的时候，饱食过度的人类是否会有所反省与觉悟呢？

如果可以，请减少你餐盘里的肉食。

素食绿豆酥

绿豆蓉配料：

绿豆 250 克、砂糖 100 克、植物油 70 毫升、黑芝麻（或糖桂花）15 克

水油皮配料：

精粉 150 克、植物油 50 毫升、

水 40 克、砂糖 40 克

油酥配料：

低筋面粉 90 克、色拉油 45 毫升

其他配料：

蛋黄液适量、黑芝麻适量

做　法：

1. 绿豆洗净，浸泡 4 小时，用高压锅煮 20 分钟。

2. 用网漏放在一个空盆上，将煮好的绿豆倒在网漏上沥去多余水分，分几次放入搅拌机中打成绿豆蓉（如果家中没有搅拌机也可以用勺子摁压，也很容易就压成豆蓉）。

3. 将绿豆蓉放入炒锅，加入砂糖（可以视个人口味分次加入，以免过甜或过淡），用中火不停地翻炒。分三次加入植物油，等油完全被豆蓉吸收以后再加下一次。炒到豆蓉变浓稠后加入黑芝麻或糖桂花炒匀后盛出（我加的是黑芝麻）。

4. 植物油加入 40 克水，150 克精粉，40 克砂糖，揉成光滑的水油皮面团。把 45 毫升色拉油和 90 克低筋面粉混合均匀，揉成油酥面团。

5. 把水油皮面团和油酥面团用保鲜膜盖上，静置 20 分钟。然后都揉成条状，切成 16 等份。

6. 取一个水油皮面团，用手掌压扁，在里面放上一块油酥小面团，把油酥包起来，收口向下，摁实后放在案板上用擀面杖擀成椭圆形。从上往下折 1/3，再从下往上折 1/3，折好的面团收口向下，再次擀成椭圆形。

7. 重复第 6 步两次后，擀开面团，放上一块绿豆蓉，包起来。

8. 收口向下，摁实收口。整圆成饼状。

9. 放到已铺锡纸的烤盘上，同时预热烤箱。

10. 在饼表面刷上蛋黄液，撒上黑芝麻即可入预热好的烤箱烘焙。200℃，中层，上下火，30分钟。

5 · 糖桂花蒸山药——淀粉食物的安全感

网上与女友聊天，终于有勇气自爆体重数字，那边沉默半晌终于吐出一句："那确实该好好拾掇一下身材了。"于是在过完三八妇女节之后痛定思痛，下狠心减肥。决定实施坊间盛传已久的21天减肥法，十分生猛，方法为：前三天断食，中八天蔬果餐，后十天六分饱。

好吧，减肥开始，前三天在一种半死不活的状态中度过，除了喝水，没有吃任何东西，第四天开始蔬果餐，也就是说你要与脂肪、淀粉、蛋白彻底绝缘。本以为吃东西总比断食要好过得多，而正相反，你比任何时候都渴望淀粉、蛋白、脂肪带给你的饱足感，尤其是淀粉食物，世界上还有比包子、饺子、吐司、面条还要美味的东西吗？压制欲望的反作用是，你终于在数餐水煮白菜之后大爆发，这个时候一碗家常的排骨豆角焖面简直如绝世美味，它带给肠胃的安全感足以抵消数日减肥的血泪史。于是在一碗面跟前，你的意志被彻底击垮，食罢精神愉悦，继续没脸没皮地做着一个胖子。

如果说巧克力中的苯乙胺能带给你犹如爱情般的精神愉悦，高蛋白食物能带给你一整天的充沛活力，那么淀粉，真是一种给人足够安全感的物质。在心情的梅雨期，或是一不小心病倒了，一碗香糯白粥的热气简直氤氲了你的眼眶，舀一勺入口，温热饱满的米粒熨帖着你的肠胃，还有什么比淀粉能给予你最真切最直接的安全？

女人是最易缺失安全感的动物，例如你身边的男人，他可以不英俊，可以不学识渊博，可以不富有，但倘若有某位姐妹幽怨地说出一句：他不可以给我安全感！那么有关这个男人的诸多好处肯定会一笔勾销。安全感是一种心理需要，但却有如吃饭睡觉这些基本的生理需求一般并列为人类本能。

比如我，淀粉食物可以抚平我歇斯底里的情绪，眼线与香水可以给我一整天的优雅自信，一部24小时开通并永远第一时间接听的手机可以让我对爱情保持高度的信任，如厕时手边有书可读已成必须，否则连沐浴液说明都要一字不落地读完……

诸如此类的琐碎细节维系着你巨大的安全感，它们如清朗的月色一般温柔地笼罩着你，蓦然发现尘世烟火让人如此依恋。我想我永远无法戒掉淀粉，否则我会不安全。

山药是个千面美人，可炖肉、可清炒、可制点心等，山药的好处不必多说，几乎所有的人见到此物都会大赞"好东西"。我始终觉得山药最原始单纯的吃法是清蒸，不需要任何调味，只是简单浇上一匙糖桂花酱，植物特有的清香甜美就在空气里荡漾开来，吃上一碟，好像吃掉了整个盛夏……

糖桂花蒸山药

用到的食材：

山药 500 克

用到的调料：

糖桂花酱 2 勺

做　法：

1. 山药去皮改刀成 1 厘米左右宽的四边形长条。

2. 将山药条码在阔口碗中，入蒸锅隔水蒸 8～10 分钟左右至山药软熟。

3. 蒸好的山药晾凉或在冰箱冷藏半小时。

4. 将糖桂花酱淋在山药上即可。

锦食堂小贴士

1. 山药接触皮肤易痒，建议处理时戴上厨房手套。

2. 切好的山药请尽快入蒸锅或在清水中浸泡，以防氧化。

6 ● 香煎南瓜饼——甜蜜伤口

林夕写：还没为你把红豆，熬成缠绵的伤口……这许多年他写了多少铭心刻骨的好句子，赚足痴情男女的眼泪，我却始终认为这一句最好。KTV里小女生幽幽唱，每个转音都天衣无缝，却不由得闭起耳朵，总觉得这样好的词该与天籁之音相配，王菲的声音里有仙气，是绝配。所以这首《红豆》之于我是有洁癖的，矫情地以为好东西若是泛滥，就是暴殄天物了。

红豆与伤口，精彩处是他这样作比，想象力非凡。那时候他还年轻，还在说"伤口"，如今他从男人变成老男人，红尘滚滚中走一遭，是否还能将伤口轻易示人？应该是学了聪明，把新伤旧疤伪装成嘴角一抹苦笑，所以才敢写：如让我不再送花，伤口应已结疤。一生一世等一天需要代价……

将伤口示人，也是需要勇气的，年轻男女的爱恨太锋利，皮肉又太薄，一拥抱便受伤。何其勇敢，伤口掀起一道大红里子，忍了疼还要若无其事地相爱。身边有一男性朋友，性子烈，曾追求一女孩未果，我亲眼见少年时的他用圆规尖扎进胳膊，写出女孩名字，殷红的血渗出来，那是他的军功章。后来长大，摆脱不了浪荡子的天性，在国外与短暂相识的女友闪电登记结婚，昭告天下，不消几个月又闪电离婚。大跌眼镜之后反觉释然，他作风一贯如此，若之后浪子回头，做个相妻教子的规矩男人反倒奇怪。有些人血液里有风，喜欢横冲直撞，一动情定要杀出一条血路来，否则怎么会过瘾？

太多人学了乖，心里横一把精明的算盘，加减乘除、四舍五入，最懂得自己的行情，哪里肯轻易折了本。于是成年的爱情像一碗速食拉面，包装花哨华美，冲泡浓香扑鼻，亦用过即弃，谁躲在垃圾桶哭泣，又是谁不敢回头盼顾张望，早已不复重要。重要的是这种桥段亲眼见得太多，血淋淋、硬生生，沉闷的一拳下去，淤痕由青渐紫，反而不再疼。所以现在已没有多少人，肯敞开心扉迎接你一刀刺下去的鲜血喷溅，真正舍得出、豁出去的爱恋与伤口，才让人记忆犹新。人常说残酷青春，原来青春里的爱情都是嗜血的。

莫不如在夏日的午后来一碗红豆沙，好像彼时爱恋，经过时光熬煮，升华记忆，过滤悲喜，只留下这一碗暗红来祭奠。往事浓稠得化不开，舀一勺入喉，清甜沁凉，一口口吞咽下去的，都是甜蜜伤口。

甜食控在中餐厅点菜，一看到南瓜饼总是速速下单，因为这是最常见、最讨喜的主食兼甜品了。南瓜的清甜与红豆的香甜融合在一起，又甜又糯再加黄油的香气，在任何时候热热地煎上一份，都再治愈不过了。

香煎南瓜饼

用到的食材：

南瓜 250 克、糯米粉 150 克、红豆馅 150 克

用到的调料：

黄油 40 克、糖适量、植物油适量

做　法：

1. 南瓜去皮切块入蒸锅蒸熟。

2. 蒸好的南瓜捣成泥，趁热加入黄油、糖融化拌匀。

3. 再加入糯米粉，用橡皮刮刀搅拌均匀。

4. 制成光滑的南瓜面团。

5. 南瓜面团在案板上整理成长条状，用刀切成等份的小块。

6. 小块面团在手中整理成圆饼状，在中间包入红豆馅。

7. 像包包子一样把红豆馅聚拢在中间收口，整理成小圆饼。

8. 在包好的南瓜饼上刷少许植物油。

9. 平底不粘锅内加少量油，把南瓜饼两面煎熟即可。

锦食堂小贴士

1. 南瓜需用蒸锅蒸熟，相比用微波炉蒸水分更大，更

适合揉成柔软的面团。

2. 可一次性多做些南瓜饼，用保鲜膜包好冷冻，吃时取出解冻煎制。

7. ● 紫薯草莓大福——橡皮刮刀之恋

在所有的烘焙工具里，我独爱橡皮刮刀，纵然饼干模具能帮你完美地切出姜饼小人，面粉筛筛出的面粉如雪花般飘飘洒洒，打蛋器可以将黄油打得顺滑蓬发。而橡皮刮刀在手，可以把一团糟的面糊整理得光滑平整，把容器壁上的碎屑刮得干干净净，我享受这一过程中的轻松快意，不知还有谁如我般幼稚，对手边平常的小物件产生独特的感情？

柔软又有弹性的橡皮刮刀，亦直亦弯，好似有些人坚持的个性吧，可以曲意逢迎，但决不失风骨。生活如巨大的面团，有其既定轨道，人一出生即被套入规则的模具，等待批量生产，如果你是个向往自由的平凡人，对生活的条条框框清醒却无力抗衡，那么你也许嵌进模子里的是身体，而灵魂尚自由，圆融且坚韧，这就是如橡皮刮刀般的个性吧。

假如生活里你拥有一个橡皮刮刀般的男人，那么我会由衷地为你祝贺，他可以事无巨细地帮你处理好周遭沉重而繁琐的事情，你真是个幸运的女人呵！如果不巧，身边的那个人如孩子般单纯天真，那么我也愿意为你做一把橡皮刮刀，全面而稳妥地照料你的生活，帮你清除烦恼，屏障忧伤。如果爱情是面团，散发着乳酪、黄油与提子干的浓香，那么相处之道好似一把橡皮刮刀，宠爱而不失原则，亦要把彼此的棱角刮平，更好地迎合你的步调。亲爱的，如果我是你的橡皮刮刀女孩，我不会把破碎展示给你看，我希望我们的世界干净平整，绝无瑕疵。又或者我们可以做彼此的橡皮刮刀，刮去对方的不完美，温柔而坚持。

那么时间呢？是否也如一把橡皮刮刀，纵使记忆斑驳不堪，时间自会为其抚平所有，甚至在你回首往事之时，居然还有着微微上挑的唇角，做一个纯然无心机的人又有什么不好，如果我足够幸运，我愿意向往并抵达如橡皮刮刀般宽恕而平和的人生。

紫薯草莓大福，一口咬下单身甜美的福气吧！大福是日本传统点心，通常是糯米皮包裹馅料做成团状，常用的材料如豆沙、草莓、红薯等。软糯的糯米皮配合大颗清甜草莓，口感层次丰富，是佐茶佳品。

❖❖❖❖❖❖❖❖❖　紫薯草莓大福　❖❖❖❖❖❖❖❖❖

用到的食材：

糯米粉 50 克、草莓 10 颗、紫薯 200 克、椰丝适量

用到的调料：

糖适量、植物油 1 勺、淀粉少许

做　法：

1. 草莓去蒂洗净，紫薯去皮蒸制软烂，加适量水、糖混合成黏稠适中的紫薯泥。

2. 糯米粉与水按 1∶1 比例混合，加一小勺植物油混合均匀。微波炉中高火转 2 分钟，取出，用勺子拌匀。重复以上动作两次，直至混合成均匀的糯米面团。

3. 每个草莓均匀包裹上紫薯泥。

4. 用勺子取一块糯米团，稍微蘸一层淀粉以免粘手，用手把面团捏成圆片状，把草莓紫薯团放入其中，轻轻捏合糯米皮，收口，滚上一层椰丝即成。

8 ● 蔓越莓桃胶糖水——甜食凶猛

A 小姐下班后心情愉悦的想在春日的傍晚散步回家，并在路边的甜品店买下一小块轻乳酪蛋糕，热量：224 千卡。B 君在酒会上踟蹰地夹起两颗奶油泡芙吃进嘴里，想起糖尿病患者的种种禁忌忽然懊恼起来，热量：300 千卡。C 先生握着永远无人接听的电话绝望地把头埋进靠垫里，他深知那女子再不会回头，深夜两点，牛奶太妃糖的糖纸被剥落满地，热量：366 千卡。D 女子时值生理周期，对甜食的渴望甚于爱情，在数杯熨帖的热可可喝下肚之后，手指不由自主地撕开奥利奥饼干深蓝色的包装，热量：难以估计……

世界上有个名词叫作卡路里，它由英文 Calorie 音译而来，是能量单位，被广泛使用在营养计量和健身手册上。它的死敌叫作甜食，一种天使面孔蛇蝎心肠的东西，让人欲罢不能，于是甜食与卡路里狭路相逢处，必然两败俱伤。

世上但凡让人沉溺的东西都有着致命的感官吸引力，罂粟一抹妖冶的艳红在风里招摇，街角飘来的阵阵咖啡香让人频频回首，甜品店里颜色炫目的马卡龙被称为"少女的酥胸"，老绅士手中昂贵的雪茄都有着精美异常的包装，而酒精在头脑里升腾出来的美丽幻想让整个世界就此麻痹……

美到极致便是毒，于是夏娃再也经受不住树上红艳果实的蛊惑而被驱逐出伊甸园，永受生之艰辛；唐玄宗遭遇杨玉环的美丽从此"春宵苦短日高起，从此君王不早朝。"美艳是蛊惑，红颜也成了祸水，糖衣下裹着苦涩的炮弹，口似蜜腹有箭，笑里也是藏着刀的。

烦恼有时能靠某种吃喝短暂麻痹，于是有人酗酒，也有人酗甜。醉是一张过滤网，分离出悲与喜并夸张地放大。甜是一床暖被窝，温柔地覆盖着满目疮痍的坏心情，有多苦涩就有多甜蜜。

热爱烘焙的女人最是矛盾，一方面心知肚明那罐飞速消灭的砂糖已幻化成小肚子上的一圈肥肉，一边又乐于在暖洋洋的春日午后与面糊、鸡蛋、可可粉过招。好似深知甜言蜜语只是不切实际的装点，却抱怨丈夫木讷的情话。可可戚风在烤箱里膨胀爬高，散发出来的香气让人开始坐立不安，出炉后紧张兮兮地涂抹蓝莓果酱，一气呵成地卷好，还是第一次卷得这么成功呢！女人不由得自得起来，不经意间拿起一小块送到嘴边，忽听身后卡路里先生哭天抢地，她嬉笑起来，孩子般耍赖："那可不可以只吃这一块呢？"

一到夏天就惦记着煲这款糖水，无论从外形还是味觉都有让人舒服的清凉剔透感，银耳黏糯，桃胶果冻般爽滑，煲上一锅存于冰箱，在炎热的午后吃上一碗，是这个夏天最惬意的事。

蔓越莓桃胶糖水

用到的食材：

银耳 20 克、蔓越莓 20 克、桃胶 30 克

用到的调料：

黄片糖适量

做　法：

1. 银耳、桃胶用水冲洗，浸泡一夜。泡发后，银耳去硬蒂撕成指甲大小的块，桃胶、蔓越莓冲洗干净。

2. 将桃胶、银耳、蔓越莓放入电炖锅，倒入足量清水，隔水煲 2 小时。

3. 临出锅前趁热加一片黄片糖调味。

锦食堂小贴士

1. 由于电炖锅水量不挥发，所以水量根据想要达到的稀稠程度而定，不需要太多。

2. 如果没有电炖锅，可用不串味的不锈钢或搪瓷锅具小火慢煲。

3. 黄片糖是港式糖水常用调味品，也可用冰糖代替。

wǎn cān

晚餐

19:00

1. ● 棒骨山药汤——恋人冰箱

她旅行归来，放下行李箱就迫不及待去厨房打开他的冰箱，这怪癖似的行动似乎比一个久别重逢的拥吻更加重要。冰箱门开启，瞬间有一层凉意扑上脸，数包买一送一的牛肉干，盘子里有半根带着牙印的熏制红肠、袋装速溶咖啡、黑巧克力、一箱罐装凉茶、两枚鸡蛋，冷冻层里藏着整条的香烟……这些都是食物留给她的线索，表明这段日子他是忙碌的，大部分时间外食，偶尔自制简易的早餐，需要高卡零食抵抗压力。定期翻检恋人的冰箱，对她来说已然成为一种乐趣，以此猜测分别的时间里他是怎样生活的，在打开冰箱的瞬间，一切不言自明，当然别忘了帮他清理掉发霉的吐司与速冻汤圆，然后添加新鲜的蔬菜水果。

冰箱对人的私密程度堪比内衣，它是家中一个小型展览馆，一丝不挂地袒露着你的生活，甚至还可以通过陌生人的冰箱揣测出其性别、年龄、身份、信仰、喜好以及最近的生活状态。宅男的冰箱里摆满泡面，上班族的冰箱里有大量速冻食品，素食者的冰箱里堆满绿色蔬菜，嗜肉者的冰箱里总能找出一碗红烧蹄膀，减肥者的冰箱里可怜得只有水和几个苹果，暴食者的冰箱里薯片和乳酪蛋糕满得要溢出来……在正常的生活状态里，打开冰箱的行径似乎只可存在于亲近的人之间，如果有人允许你随意打开他的冰箱，是否应该庆幸，显然他已把你视为挚友。

探讨人与冰箱的关系似乎是一个非常有趣的课题，如果要在人类的社会关系中为它找一个定位的话，它的身份更像是恋人。食物是填充进内心的安全感，太满烦腻，太少空虚。满腔热忱需及时回应，否则冷掉霉变，只能弃置处理。心灰意冷时别忘裹上保鲜膜，爱得热烈时请理智查看保质期。有些感情是无法切断的电源，因为太重要，所以不愿辜负，唯有努力保鲜再保鲜，谁愿意放任腐烂，都想尽可能维持甜美多汁的口感。爱情，好似是我们离不开的冰箱，被密封、被雪藏、被保鲜、被丢弃、被解冻，反反复复，最终填补的也不过是欲望。

或者请短暂告别你的冰箱，在花花世界里玩一下小暧昧，选最新鲜的棒骨与山药煲一锅汤，让这美妙的滋味与舌尖调情。这场艳遇，对冰箱可以，对恋人不行。

胃口真是随天气而变化，炎夏里一口荤汤也喝不下去的我，在冬日每天期盼的竟是一碗暖汤。煲汤的关键是食材新鲜，哪怕是极简单的料理方法，味道也很出彩，所以这个时候冰箱显然不合时宜啦，但一时喝不完还是要存冰箱保鲜的。好吧，咱们开始上汤！

棒骨山药汤

用到的食材：

猪棒骨 2 根、山药 200 克、胡萝卜 100 克、枸杞 10 克、葱 3 段、姜 2 片

用到的调料：

盐适量

做　法：

1. 猪棒骨洗净用斩骨刀斩两段，飞水 3 分钟去血污，多次撇去浮沫。

2. 飞水后的猪棒骨用清水彻底清洗干净，重新放入干净的汤锅或紫砂煲中。

3. 加入切好的葱、姜片，一次性加足水沸腾后转小火煲 2 小时。

4. 戴上手套将山药削去皮，胡萝卜去皮，均切滚刀块，加入汤锅中再煲 15 分钟。

5. 临出锅前加枸杞、盐调味即可。

锦食堂小贴士

1. 斩棒骨的步骤可在市场请人代劳。

2. 戴上厨房手套处理山药防止刺激皮肤。

2 ● 彩衣皮蛋豆腐——美貌的豆腐

豆腐，原本是种挺单纯的食物，洁白、饱满，好似婴儿肥的小孩子，讨人喜爱。因价廉易得，与人尤其亲近，故沾染了许多市井气。如今我仍能记起幼时捏着两角钱纸币脚步蹒跚地跑去街角的豆腐车买豆腐。刚做好的豆腐，捧在手里温热的、软软的、颤巍巍的，我经不住诱惑总要淘气地在边角咬上一小口，回家奶奶见了佯装愤怒嗔怪道："这是谁家的淘气鬼干的?"这是我有关豆腐的最初记忆，而如今你要跑去超市豆制品区才可买到一盒包装整齐的豆腐，两角纸币与走街串巷的豆腐车已随记忆远去。

人与豆腐的关系亲近到耳鬓厮磨的程度，于是就与豆腐开起玩笑来。鲁迅《故乡》里开豆腐店的杨二嫂，有着"豆腐西施"的名声，多少有些轻薄的意思。但我觉得女子凭着美丽的资本多获得一些机会本来无可厚非。我向来喜欢听平民美女的成功史，凭借自己的美貌、智慧为自己赢得一席之位，格林童话里的灰姑娘，亦舒笔下的姜喜宝，让人读来好不痛快，只要在不抵触原则的情况下运用得当，美貌也是一种生产力，女人生得好看又有头脑，同味美易得的豆腐一样都是上天给予你的恩宠。

又有人称调戏妇女的行径为"吃豆腐",中国人含蓄,"吃豆腐"行为虽然不齿,但这个词汇本身却体现了汉语言的活泼。在外国的同义词叫"性骚扰",立刻板起面孔严肃起来,事情大了,要上升到法律程序。而中国的"吃豆腐"则换了一张嬉笑的嘴脸,或许也可以理解为市井男女的揶揄调笑,与"吃醋"一样自有一番活泼热辣。锦有一女友,肤白细嫩,夏日短裙下露出一双修长美腿,难免不让人想入非非,于是她抱怨:"但凡乘地铁总是被人'吃了豆腐',又抓不到元凶,真是可恶!"我调笑她:"你生得这么白,美貌得像豆腐一样,再不多穿一点布,恐怕就要被吃了!"

豆腐没什么性格,如同历史一样是任人打扮的小姑娘,披上一件红辣外衣就是麻婆豆腐,裹上一袭绿纱就成了小葱拌豆腐,换上件皮草美其名曰虎皮豆腐……她是位千面美人,却毫无美人的娇嗲之气,最懂得人情世故,你注目,她便冲你笑起来。

家中来客,最常做的冷盘就是彩衣皮蛋豆腐,皮蛋、豆腐、花生、彩椒,几种食材混合在一起,口感丰富,很有层次感。且造型艳丽讨喜,又简单快手,尤其是夏季,更是一道爽口宴客菜。

彩衣皮蛋豆腐

用到的食材：

盒装内酯豆腐 1 块、松花皮蛋 2 个、红辣椒（或彩椒）1 个、麻辣花生 50 克、香葱适量

用到的调料：

香油 1/2 勺、镇江香醋 1/2 勺、生抽 1 勺、盐适量

做　法：

1. 盒装内酯豆腐倒扣盘中取出，在豆腐表面撒少许盐静置 15 分钟，倒出豆腐析出的水分。

2. 松花皮蛋、红辣椒切成指甲大的丁，香葱切成细葱花。

3. 将步骤 2 中的三种食材混合，均匀撒在豆腐上以及周边，麻辣花生点缀在最上层。

4. 取一个小碗，将生抽、镇江香醋、香油调成汁。

5. 将调味汁均匀浇在豆腐上即成。

锦食堂小贴士

1. 盒装内酯豆腐完整取出的技巧：用小刀将盒子上的塑料膜四边划开，将豆腐盒倒扣盘中，用擀面杖轻轻敲击豆腐盒，直到豆腐完全脱离塑料盒，即可完整取出。

2. 如果皮蛋是溏心的，用刀切出来不太美观，可用抻

直细线代替刀来"切"皮蛋。

3 ● 海带萝卜排骨汤——24 小时的情分

楼下新开的餐馆出售以豆浆为主的中式简餐，连锁模式，在每个城市都可以找到数家。简单、快捷、卫生，如果你不是嘴巴太挑剔的人，这是匆忙填饱肚子的首选。

无功无过，不疼不痒，所以经常光顾。没有大酒店的奢华豪气，没有苍蝇馆子的神秘传奇，更没有某些著名小吃店定量售罄即关门的骄矜。无需订位，无需排队，无需正装，是那种揉着惺忪睡眼就能坐下来的店，只需等候几分钟即可送到手中的温暖，一个人光顾也从不觉尴尬。

这样的店通常都是 24 小时的，24 小时且提供外送服务，真是好脾气。在我的童年印象里，深夜在餐馆就餐的都是无家可归的可怜人，可我现在却越来越喜欢在晚归的深夜看到这样明亮的招牌，快餐店、烧烤吧、便利店，明晃晃的两个数字，哪怕塞进口中的是一个油腻的汉堡，也让人觉得安全。或者在日本街头做一个故意迷路的观光客，兜兜转转至深夜找到一家 24 小时便利店，来杯盛在热汤中的关东煮，像一场欢乐的冒险。

只不过是一些有利可图的商家，却意外地透着人情味，

24小时的情分，在人群中又可存在多久？好像正牌妻子的爱情，平凡、普通、素面朝天，只有那一罐汤在灶上煨着，暖的变冷，冷了又暖，24小时又24小时地等你，因为太保险，缺乏刺激，所以有人喜欢在二奶处吃泡面。电影《双食记》就是在讲这样一个故事，正牌妻子隐匿起身份教只会煮泡面的二奶高超厨艺，做起背后抓胃抓心的美食顾问，食物相克，毒如砒霜，男人东食西宿间逐渐中毒，妻子复仇成功。可谁知男人狡兔三窟，病入膏肓间使出杀手锏，无情情圣辜负的女人岂止两个，每征服一个就在保险柜中收进一枚"勋章"，保险柜一开，让人瞠目结舌。杀人的最后成了被杀，在爱里男人从来技高一筹。

24小时的快餐店举目皆是，24小时的情分让人审美疲劳，可一旦罢工却如缺氧，一刻也休想顺畅呼吸。莫不如学乖些，赶在天黑之前回家喝汤，那24小时又24小时等下去的红颜们，纵使老去，也是甘愿的。

寒冷的天气需喝汤取暖，钙质丰富的海带加上不用开药方的白萝卜，加一点新鲜的小排骨，即是一锅鲜美好汤，喝汤吃肉，这有多惬意啊！

海带萝卜排骨汤

用到的食材：

猪小排200克、海带100克、白萝卜100克、姜2片、

葱 2 段

用到的调料：

盐适量

做　法：

1. 白萝卜去皮切小块，海带洗净切条状。

2. 猪小排洗净飞水撇去浮沫，洗净重新加入锅中，加入葱段、姜片，再加足量清水大火煮开转小火煲 1 小时。

3. 在汤锅中加入白萝卜。

4. 再下海带小火煲半小时，临出锅加盐。

```
锦食堂小贴士
```

煲汤时食材宜冷水下锅，煮沸后转小火，火候以水面轻微冒泡为好，这样可使汤的鲜味与营养成分缓慢溶解于汤水中。

4. 蟹味豆腐丝——温柔地吃你

微博上看到有人说："职业主妇，有两件事情，始终不能突破生理和心理防线。其一，宰杀任何活体动物，如螃蟹、鱼虾，这对一个职业吃货主妇的影响是深远的。其二，洗某人的袜子，这对家庭和谐团结是不可省略的。怎么办？"

我看罢会心一笑，晚八点的厨房里发出嗞嗞嗞的声响。刚刚手法娴熟地把六只螃蟹放进蒸锅，快速盖上锅盖，心里默念N遍对不起，如果会念往生咒，我会好好念上一遍的。可等待螃蟹蒸熟的时间只有10分钟，于是我决定评论给她："对于后者，最好买上几十双，攒上五六双就扔进洗衣机，倒上一杯消毒水，15分钟快洗搞定。而对于前者，也唯有，忍了。"

香气窜出来，整个客厅蒸腾着阵阵暖意，在深秋时节晚八九点厨房里还亮着灯的人家，定是有个吃货主妇，除此之外应该是没有任何其他的解释吧？我喜欢深夜厨房的时差错落感，有种异样的幸福，特别是每年十月中旬黄满膏厚大闸蟹时节，厨房里更是透着过节般的仪式感。忙着切姜、温酒，小瓷碟里倒上一两种喜欢的醋，掀开锅盖，主角已由青甲变红袍，盛在蓝色的深盘中上桌，家人循着香气从各自房间探出头来，一场饕餮过后，留下一堆蟹壳各自满足睡去。

关于吃蟹，相关的文章不胜枚举，讲究的、风雅的、有趣的，一直被中国人津津乐道，颇有自得感，而对于一个吃货来说，吃蟹只是极致的味觉高潮体验。吃蟹对于我来说是奢侈的，一年吃一回，不仅是因为大闸蟹价格逐年水涨船高，也是因为吃蟹背后活杀的惨烈。我非佛教徒，但对于杀生这件事始终心有余悸，成年以后主动犯的"案子"，除了拍死钻进女儿蚊帐里的蚊子之外，就是活蒸螃蟹了。因为死蟹实在无法吃，哪怕是刚死的，鲜甜的蟹肉立刻失色，而浓香的蟹黄也顷刻变得苦涩难咽，严重者还会头晕恶心病上一场。馋虫作祟，唯有活蒸。

说中国人馋虫本色的段子也多，不仅有文人形容佛跳墙的"坛启荤香飘四邻，佛闻弃禅跳墙来"，也有"狗肉滚三滚，神仙站不稳"的俗语。据说有一种在几百度高温中依然存活的鱼，是西方人眼中的奇闻，而估计中国人见此鱼首要考虑的是把它弄熟的方法了吧。实在是太馋了，太馋了，因为馋，实在舍不得做一个素食者，也因为馋，不得不触碰不活杀的底线，口腹之欲，让人丧失道德。

有时候会为吃蟹找一些自私的借口，人类作为食物链最高端的一环，食蟹是一种对"死者"最尊重的方式了吧。吃蟹最美味的方法是清蒸，最多加两片姜或者紫苏，没有油盐酱醋的蹂躏，也无煎炒烹炸的煎熬，讲究的吃法要用上精巧的蟹八件，搭配热黄酒来驱寒，吃蟹用什么醋至今是争论不休的话题。吃蟹，要隆重的买回家，时刻关心它的死活。要在肚子不太饿的时候与蟹单独幽会，温柔地肢解，轻轻地吸吮，舌尖舔净蟹黄，慢慢挑出蟹心，从头到脚、由里至外被温柔相待，有多美艳就有多诱惑，温柔地吃你，好似吸血鬼的爱恋。

蟹子除了清蒸，我觉得另外一种相对温柔的吃法就是蟹黄干丝，但如果刀工不精，或者馋虫作祟等不及把一块豆干细细片成丝，那么就做一道我这样的蟹黄豆腐丝，是适合周末的简单家庭料理，汤头鲜甜，干丝入味，寒冷深秋，暖胃暖心，意犹未尽。

❖❖❖❖❖❖❖❖❖　蟹味豆腐丝　❖❖❖❖❖❖❖❖❖

用到的食材：

大闸蟹 1～2 只、干豆腐 200 克、蟹味菇 50 克、姜少许、香菜少许

用到的调料：

黄酒 1 勺、米醋 1 勺、胡椒粉适量、盐适量、高汤适量

做　法：

1. 干豆腐切细丝入滚水汆烫 2 分钟取出，放入凉水中。

2. 大闸蟹隔水蒸 10 分钟取出晾凉，蟹味菇洗净焯 30 秒取出备用，姜切细粒。

3. 蒸好的蟹取出蟹黄、蟹膏、蟹肉备用。

4. 锅内放少许油，下姜粒炒出香味，下蟹黄及蟹肉煸炒，烹入黄酒。

5. 倒入适量高汤或清水煮开，下豆腐丝、蟹味菇小火煮 5 分钟。

6. 出锅前加米醋、胡椒粉、盐调味即可，喜欢香菜的可撒少许香菜碎。

┌─────────────────────────┐
│　　**锦食堂小贴士**　　　　　　│
└─────────────────────────┘

1. 豆腐丝煮 5 分钟左右即可，否则会软烂易断。

2. 大闸蟹必须活蒸，死蟹味道不好且对人体有伤害。

5 ● 奶油炖杂蔬——谁是你的菜

近年有网络流行词汇叫"我的菜"，其实这个词不难理解，专指对某一类人或事物的口味喜好。我猜它的前身是"萝卜白菜各有所爱"，到了网络时代一下子洋气起来，常见的情景对话应该是这样：某女从某男眼前飘过，或耀眼得如一个红艳萝卜，或优雅得像一棵素净白菜，总有人站在华丽丽的背景里做抚须呱嘴状，感叹道："嗯，是我的菜。"

与女友讨论"谁是我的菜"之类的话题总是能轻易地抖落出几匣子的话，这似乎是友情的进阶证明，唯有咬着奶茶吸管轰轰烈烈地交换完"你的菜"是何种色相，才会安心地把对方列入姐妹名录之中吧。如果恰巧口味雷同，那就得时刻小心你的盘子，因为你的菜总是有被同好端走的危险。

有人喜欢李俊基式的花样美男，有人喜欢吴彦祖式的帅酷型男，有人萌正太，有人控大叔……满菜篮子的花花绿绿，总有八卦女挑挑拣拣，或远观或亵玩，谁说对美男不能意淫？可我口味有点特殊，我爱奶油小生。瘦、白、鼻梁架副眼镜，好像从民国旧照上剪下来的弱不禁风的才子，这样的人，比如年轻时扮演徐志摩的黄磊，让人心生倾慕与怜惜。奶油炖小生，味道又醇厚又清甜，拿来解馋可以，吃多了稍显甜腻，就好像才子们最善讲入耳的情话，听多了又觉得心虚，觉得不如沉默是金的木讷男人来得实在，可撕掉情书找了实在男人，又觉乏味，怀念起奶油炖小生的柔情来。幸好，当年的奶油小生很合时宜，逐渐脱掉奶油气，娶妻生女，日子幸福安稳，适时地在菜里加了一味白胡椒，有些沧桑浓厚的口感，又带一些淡淡的余味，实在招人喜欢。奶油小生，是只可浸泡在青春里的花样男人，保质期短，但风味绝佳。若你不信，请去听老去的奶油小生讲情话，真是件反胃的事情。

　　有些人口味固执，无限忠诚于他的菜，有哥哥辈的人来探望家中老人，带着新鲜的水果与新娘，那女子肤白长脸，有着纤细的眉眼，举手投足间竟与其前女友惊人地相似。或者女朋友带新交的男友让姐妹们"掌眼"，事后问我："如何？"我笑："挺好，只是太像从前的某某啊！"有些人比较贪心，爱涉猎新奇滋味，好像《红玫瑰与白玫瑰》里的振宝，娶了白净如豆腐般的孟烟鹂，隐隐地还回味着塌在娇蕊面包上那厚厚的花生酱。或许这些那些都不是你的菜，你爱的只不过是每段生命里倒映出来的自己的影子。

开了一盒淡奶油，一时吃不完就做了奶油炖杂蔬，用了西菜炒白酱汁的料理方法，选用的却是符合自己口味的食材，缤纷杂蔬在奶油香里小火慢炖，每一口都很满足，这不是我的菜，不是她的菜，而是你的炖在奶油里的男人。

奶油炖杂蔬

用到的食材：

鸡腿肉 200 克、南瓜 100 克、香菇 30 克、胡萝卜 50 克、白菜 50 克、洋葱 30 克、面粉 60 克、牛奶 200 毫升、淡奶油 50 毫升

用到的调料：

白胡椒粉 1 勺、香叶 10 克、黄油适量、盐适量、植物油适量

做　法：

1. 蔬菜类洗净去皮，切大小合适的块备用。

2. 鸡腿肉去骨，切小块，不喜欢鸡皮的可去掉，加少许盐、白胡椒粉腌制。

3. 锅内放少许植物油，下鸡肉煎至两面金黄。

4. 取一只大锅放少许油，下洋葱煸炒至透明，加入除白菜外的蔬菜翻炒。

5. 加足量水、香叶炖煮，直至蔬菜熟软后加白菜稍煮片刻。

6. 煮蔬菜的时候可做白酱汁，另取一小锅，锅内下小

块黄油，融化后加入面粉小火炒，若有颗粒需碾碎，加入牛奶化开调成糊状，小火加热直至成黏稠酱汁。

7. 将酱汁倒入煮好的蔬菜中，混合均匀，加少量淡奶油煮 1 分钟，加盐、白胡椒粉调味即可。

┌─────────────────┐
│ 锦食堂小贴士 │
└─────────────────┘

做白酱汁时的颗粒可用橡皮刮刀在锅壁上碾碎，速度比较快。

6. 栗子淮山鸡汤——全脂人生

一个营养过剩的城市，超市食品区总要多一个分类，脱脂牛奶、低脂乳酪、无糖果汁、非油炸薯条、低卡冰激凌……与它们对应的是全脂、原味、特浓、油炸、高卡。二者分庭抗礼，各有各的粉丝。低脂食品是健康的代名词，包装上标示出详细的热量、脂肪、蛋白质含量，都是讨人喜欢的数字，价钱也卖得要贵一些。它们轻盈地摆在食品架上，显得高贵且科技感十足。

这些被"减过肥"的食物是特殊疾病人群的必需，中老年的新宠，胖子的宽慰，潮人的品位，这些人最热衷把它们搬回家，既健康又安心，何乐而不为？只是这样的食物，有些寡味。好似掺了水的二锅头，再不是强劲热辣的一剂猛料，醉意也要减几分，不浓厚、不刺激、不够给力。所以我是宁愿选择全脂芝士也不屑低脂食品的人，况且还买二赠一，又便宜又好味，整整三大包被关进自家冰箱，索性醉生梦死做胖子。

说我堕落好了，但并非决意与健康作对，只是想为脂肪平反。除却那些必需低脂食品的特殊人群，一个健康正常的人选择喝一杯淡而无味的脱脂牛奶，实在有点可怜。在以骨感为大众审美标准的当下，脂肪简直是场噩梦，爱美女子站在甜品柜台前，目光嵌进食物里，就是不敢下手买一块，只好用一杯低卡冰激凌解馋，带着冰碴口感与轻微的甜味，无论如何抵不上浓厚的全脂牛乳，何苦来？但是无奈，我也是其中之一，几次三番与脂肪作战，屡败屡战，屡战屡败，好悲哀。

狠不下心的人，人生注定是全脂的，从食物到感情无一例外，一旦爱上就掏心掏肺给你，从不吝惜付出百分百的高热量，够豪迈，但毫无心机。人都是贱，喜欢被人吊胃口，一步步得来的甜头比劈头盖脸的热情来得有滋味，浓得化不开，甜到齁嗓子，好像被误解的脂肪，只因为太热烈，反而遭厌弃。太认真的感情容易用力过猛，一认真就沉重起来，需要耗费太多来消化，有些人不喜欢这样的真心，像对脂肪一样唯恐避之不及。况且有些认真不值得，就像我们面对全脂的态度，少而精，才最微妙。太泛滥的真心，易"肥胖"。

　　所以世上的有心人啊，请珍惜你全脂般的爱恋，像懂得红烧肉里的肥，鸡汤上的油一样把他或她视为珍宝。那个把一块脂肪夹进你碗中，待饱餐后嘲笑你为胖妞的男人，才最可爱。

　　何不尝试一些脂肪？

　　某人忽然点名要喝鸡汤，厨娘很给面子，周末煲了栗子淮山鸡汤等他回来喝。煲了几个小时的鸡汤表面浮一层黄亮的油，貌似是高脂肪高胆固醇的象征，所以很多人不敢碰它。但渐入冬季，是进补的好季节，这时来碗鸡汤还是不错的选择。鸡汤属温补，亦可提高免疫力，栗子、淮山同样是秋冬里的恩物，来碗鸡汤，大家一起补起来。

栗子淮山鸡汤

用到的食材：

整鸡 1 只、栗子 100 克、淮山 30 克、当归 10 克、红枣 6 个、枸杞 30 克、姜 10 克

用到的调料：

盐适量

做　法：

1. 整鸡洗净，用刀剁去头、爪、尾部，斩大件备用。

2. 姜、当归切片。

3. 栗子加水煮 15 分钟捞出去皮。

4. 鸡飞水去血污，捞出后用水冲去浮沫。

5. 取干净的汤锅或紫砂煲，加入鸡块、洗净的淮山、当归、姜片，一次性加足水，大火煮开后小火煮2小时。

6. 临出锅10分钟加入栗子、红枣、枸杞、盐即可。

7 ● 新派麻酱口水鸡——口水争锋

口水鸡，巴蜀经典菜式之一。只要选到好食材又肯下足料，并不是道复杂料理。冰水浸透的嫩三黄鸡浸在香麻红亮的料汁中，小清新与重口味相撞，登时升仙。只是名字有点不堪，其实口水鸡与口水并无关联。口水鸡命名的由来是因为郭沫若《洪波曲》中有："少年时代在故乡四川吃的白砍鸡，白生生的肉块，红殷殷的油辣子海椒，现在想来还口水长流。"好像哪种吃食经文人一念叨就升华起来，可是口水鸡，并不是口水做的鸡。

那口水做的食物有什么？真有口水做的食物吗？想来想去是燕窝。那是燕子的口水混合羽毛粘在一起的巢，含蛋白质、糖分和一些矿物质，据说有养颜、滋阴、止咳等功效。《红楼梦》里林黛玉的不足之症应该是肺结核，动不动就会在帕子上咳出血来，按此逻辑燕窝正对症。可在奢靡到"白玉为堂金做马"的荣宁二府，燕窝也不是想吃就能吃的东西，所以书中还有薛宝钗给林黛玉送燕窝的桥段。我不吃燕窝没有别的原因，只是觉得吃燕子的家有点残忍，一想到口水，还有些恶心。

其实最让人反胃的口水菜并不是燕窝，口水水煮鱼、口水麻辣烫、口水火锅并不罕见吧？试想服务员端来一个晶莹红亮的锅底，只收五块钱或者干脆是免费的，边吃边胆战心惊吗？有些餐馆打包水煮鱼的汤底是不被允许的，老板答曰："那不是赔了？"即使是稍微高档点的餐馆，水煮鱼端上桌后服务小姐也马上殷勤地问："辣椒需要帮您捞出来吗？"聪明的食客当然回答："不要！"可是四川人自家待客也爱用涮过的老汤底，原因是久煮过食材的汤底越涮越香浓。西方人基于卫生考虑推崇分餐制，少了中国人你夹一筷我舀一匙的人情味，可公共食肆你一串口水我一坨唾沫的"你侬我侬"还是免了吧！

更有杀伤力的不是口水菜，而是口水歌。其威力在于旋律简单，歌词直白，朗朗上口。臭豆腐般地沾上一星半点儿，就臭到骨子里，余音绕梁多日不绝，一曲听罢做什么事都想哼几句。以前KTV热歌榜的榜首是"你是我的玫瑰你是我的花"，现在满大街都是"滴答滴答滴"。跳上一圈广场"僵尸舞"下来心里翻腾的是"我从草原来，洒满情和爱"。口水歌作用是挠到内心的痒处，快速、直接，十分给力。口水歌的意象是：玫瑰花、蝴蝶、亲爱的、老公、老婆、嘴唇、草原、老鼠、狼、羊。为了混口饭吃也总有玉女歌手扯下清纯的面纱唱起"老公老公我爱你，阿弥陀佛保佑你"。

口水歌的好搭档是山寨手机，在公共场所播放有震耳欲聋的杀伤力，可拿着手机手舞足蹈的大叔总是很嗨。其实大众娱乐本来无可厚非，有些口水歌的恶搞反映了一种另类的民主，是别样的平民话语权。可若是小学课间操的配乐是口水歌那就让人愤怒了，几岁小童张口就来"爱情不是你想买想买就能买"，我总有想抽丫一大嘴巴的冲动。

通俗的东西未必不好，大俗即大雅，但不能恶俗。此时我们在口水歌的浸淫下酣畅淋漓地吃着一盘口水鸡，而诗经、花儿、信天游那些真正雅俗共赏的好东西却渐渐离我们远去，好奇怪。

这个做法是从新派川菜馆子学来的，做过几次，也请朋友来品尝，反响还不错。味道是麻辣中加了些麻酱的香浓，口感厚重，是道不错的荤食冷盘。

新派麻酱口水鸡

用到的食材：

鸡腿2个，黄瓜1根，熟花生仁少许，葱、姜、蒜各适量

用到的调料：

芝麻酱1汤匙、花生酱1汤匙、八角1颗、花椒20粒、花椒粉1/2汤匙、辣椒粉3汤匙、白酒1/2汤匙、料酒2汤匙、生抽1汤匙、糖适量、盐适量、鸡粉适量

做　法：

1. 鸡腿洗净去皮下脂肪，放入大碗中，加料酒、切好的葱段、姜片隔水蒸 15 分钟，熄火不开盖闷 5 分钟。

2. 半盆凉开水加冰块，浸入蒸好的鸡腿放置彻底冷透，也可放入冰箱冷藏室。

3. 炒锅内下半碗油，油温六成热时下八角、花椒，直到香料变色出香味时捞出，再放入切好的葱姜蒜粒爆香。

4. 事先在小碗中加入花椒粉、辣椒粉，倒入爆香的热调料油，搅匀。制成红油，放凉。

5. 另取一小碗，加入芝麻酱、花生酱、白酒、生抽、盐、糖、鸡粉。

6. 用温开水调成浓稠适度的酱汁，放凉。

7. 冰镇好的鸡腿捞出在熟食案板上斩大块。

8. 在阔口深碗的碗底垫上切好的黄瓜条，上面整齐码上鸡肉。

9. 将红油、麻酱汁按 1:1 的比例混合，如果太稠可加少量凉开水，将调好的酱汁浇在鸡肉上，最后在表面撒上熟花生仁即可。

8 ● 东北蒜茄子——好男人如绿色蔬菜

小时候，会对快餐店里的汉堡炸鸡无限神往，而不愿吃下餐桌上的那碟水煮菠菜。长大了，快餐店里的高热量成了唯恐避之不及的垃圾食品，而要为了身材努力增加绿色蔬菜。

小时候，会在课桌下染靛蓝指甲涂睫毛膏化夸张艳丽的妆，而厌恶肥大拖沓的校服。长大了，要依赖唇膏腮红制造出的明媚假象，而羡慕起扎简单马尾依然眉目清秀的小萝莉。

小时候，会对学校门口弹吉他吹口哨的"坏男生"投去好奇目光，而无视教室里闷头啃书的眼镜男。长大了，吹口哨的"坏小子"还在不靠谱地晃晃悠悠，而女孩子们却要争先恐后嫁给事业稳定性格憨厚的眼镜男。

小时候，会为收到大束玫瑰而欢呼不已，而嗤笑身边那个不懂得送你浪漫礼物的傻男孩。长大了，知道玫瑰是几夜就枯萎的、不切实际的东西，更懂得玩赏指间那颗永恒闪亮的小石头。

成长如此奇妙，是一个不断循环往复的过程，以为赶了那么多路程，看了那么多风景，就会走到你想要的那个理想国，而后忽然发现理想国原来只是海市蜃楼的传说，真正草木芳馨的竟是那个被忽略的起点，原来每个人的征程都是一个圆。

对男人的向往也是如此吧，女孩时期望他是武侠小说里那个英雄救美的飞刀侠客，或是甜点上那颗诱人的红艳樱桃。而女人时，婚姻是一本琐琐碎碎的记账簿，而身边的丈夫也大抵是一个庸常男子。他不是你的白瑞德，也不是你的达西先生，下班后煮饭烧菜，饭后牵手散步，好似餐桌上最普通的绿色蔬菜，毫无传奇色彩可言。

可像蔬菜又有什么不好，像蔬菜的男人大抵阳光、健康，有着和睦的家庭与平顺的成长环境，内心简单又孩子气，脸上没有过多苦难的痕迹。生性乐观，积极向上，有良好的抗挫折能力，懂得自我调节。对爱人热忱但有节制，宠爱又不放纵。这样的男人也许不是深海龙虾，不是极品鱼翅，正好像餐桌上那碟炒青菜，清淡、质朴，却永远不可或缺。

他之于你的忧郁、敏感、歇斯底里，是一段紧紧抓住的浮木，他会不经意间带给你最最简单原始的小快乐。你还记得电影院里的爆米花，午夜的电动游戏，江心小岛的双人自行车，以及那晚沁人心脾的丁香与月亮……

哦，我亲爱的蔬菜先生，我该如何谢你赠予我的满目新绿？

蒜泥茄子是东北特色经典咸菜，是住在东北的年轻人从奶奶或妈妈辈的人手里经常收到的"礼物"。因为用到大量的蒜，食罢气味儿冲天。有人收到大呼惊喜，有人看到唯恐避之不及。但如果你是一个正确理解蒜泥茄子的人，会慢慢爱上它辛辣霸道的味道与香浓缠绵的口感，像东北阿妈的心肠一样热情柔软。

东北蒜茄子

用到的食材：

紫皮长茄子 2 个、独头蒜 6 个（大蒜也可）、香菜 50 克

用到的调料：

香油少许、鸡精少许、盐少许

做　法：

1. 紫皮长茄子去蒂入蒸锅蒸软，用筷子轻松扎透为好。取出放凉备用。

2. 独头蒜去皮，用刀在砧板上压碎，香菜洗净切碎末。

3. 独头蒜在钵中捣碎，直到捣成有轻微颗粒感的黏稠蒜泥为止。

4. 将香菜末、蒜泥加适量盐混合均匀。

5. 蒸好的茄子用刀在中间竖直轻轻剖开，下面不切透。在茄子的内壁均匀抹上盐。

6. 再将蒜泥香菜混合物填到剖开的茄子中，尽量填得多一些。处理好的茄子放入密封盒中码好，上面再撒少许盐，放置于通风阴凉处或冰箱内，搁置 1 天即可食用。食用时加少许香油、鸡精拌开。

锦食堂小贴士

1. 选茄子一定要选鲜嫩的紫色长茄子，绿色圆茄子口

感不好。

2. 如没有专用研磨钵，可用深碗和擀面杖代替。

9 • 番茄丝瓜炒蛋——为接地气啖丝瓜

作为一个每日需做 2～3 餐成人餐，外加 3 顿幼儿辅食的全职厨娘，最开心的事情就是接到家人电话报告今日不回家吃晚餐。放下电话简直要振臂欢呼，终于可以安静下来吃"独食"，不必顾及全家口味，也不必费心营养均衡，在属于自己私密空间里做一个酣畅淋漓的饕餮客，这样的时光已是不多。

我的"独食大餐"，不是浓油重味的"横菜"，而是这道十分钟即可搞定的番茄丝瓜炒蛋。夏天的丝瓜最好吃，从初夏就开始惦念。我爱丝瓜的口感，绵韧丰腴又清新爽脆，比软烂到底的茄子有灵气，自有一颗七窍玲珑心。丝瓜给人的额外福利是成熟的丝瓜可制成丝瓜络，是天然的去角质美容刷。瓜肉也可提取出丝瓜水，是给皮肤补水的恩物。

最鲜嫩的那种是从菜摊老板手中接过不小心掉在地上，顷刻摔破成两段，迸出清香的汁液。再配上夏季特有的酸甜度完美的好番茄，还要庆幸家里存着从农村逐个收来的土鸡蛋。再抓一把野生虾皮增鲜，配上几缕蒜的清香，调味简化到盐、糖即可。这些食材混合出浓郁清鲜的好味道，颜色亦如一幅润泽的没骨花鸟，在晶莹的白米上氤氲多情得不成样子。这种家人嫌它微苦的食材，在我心里却是宝，要再添一碗米饭才作罢。

所以一道简单的家常蔬菜，也要有天时地利人和的成全，少了一味或者错过时令，甚至不接地气都不能成就我的独食美味。关于接地气，这还要感谢现今发达的交通运输和先进的种植技术，要知道早几年东北的餐桌上没有丝瓜这玩意的。

这让我想起大学时在东北的艺术学院学中国画，教授的竹子画得极好，年纪六旬长发斑白，偶尔空闲会戴一顶牛仔帽，抓一杆大毛笔来给本科生上课，宣纸上刷刷几笔就能听到竹子的飒飒之声。后来听说他在学校水房养了数盆竹子，每隔一段时间就搬几盆到他画室，多年对照临摹。因为在寒冷的哈尔滨也只有水气缭绕的温暖开水房，才是竹子可以存活的好处所。说来多少有点可怜，但因为这种隔空接地气的坚持，才可成就一位艺术家。唯有天时地利，才是灵动的、有底气的。好的食材、好的绘画，甚至一段好姻缘都是如此。

而我等吃货的接地气方式是，每天高居 13 楼码字的我，一到夏天都会拼命啃丝瓜，恨不得把整个夏天的灵秀都吃进肚子，才能摒除每天枯燥地面对电脑屏幕的心理亚健康，才能从丝瓜处借一份"采菊东篱下，悠然见南山"的惬意。

厨娘的柴米日子，也可在少有的静谧时光里，借着一份番茄丝瓜炒蛋，嚼出许多新的人生念想来。

今天就上道家常菜——番茄丝瓜炒蛋。丝瓜为夏季时令蔬菜，清热化痰、凉血解毒。与番茄、鸡蛋搭配，既能为番茄炒蛋控翻新花样，又比单独的清炒丝瓜滋味浓郁清甜，是夏日恩物。

番茄丝瓜炒蛋

用到的食材：

丝瓜 1 根、中等大小番茄 2 个、鸡蛋 2 个、虾皮 10 克、蒜 2 瓣

用到的调料：

糖 1 勺、盐 1 勺

做 法：

1. 丝瓜洗净切滚刀块，番茄去皮切和丝瓜等大的块，蒜压扁切末，鸡蛋打成蛋液。

2. 炒锅内放少许油，油八分热时下鸡蛋，膨松后用筷子划散盛出备用。

3. 锅内再放少量油，下蒜末和虾皮爆香。

4. 再下丝瓜和番茄炒出汁水，调小火炖煮 2～3 分钟，直到丝瓜软熟为好。

5. 把炒好的鸡蛋倒回锅中与丝瓜混合，加盐、糖调味即可。

┌┄┄┄┄┄┄┄┄┄┄┄┄┄┄┄┄┄┄┄┄┐
　锦食堂小贴士
└┄┄┄┄┄┄┄┄┄┄┄┄┄┄┄┄┄┄┄┄┘

　　番茄去皮方法：番茄去蒂擦干水分插在筷子上，开煤气直接在火焰上烤，直到发出声音表皮破裂，放凉即可轻松撕去表皮。

10 ● 酸辣拌双丝——若你爱着，请先吃饱

　　过完春节，肥硕得厉害，迫不得已把自己塞进节后减肥大军的队伍之中。今日为断食第三天，晨起头晕目眩，又觉身体干干净净，味觉反倒异常灵敏起来，饿极就在网络上翻看美食博客，那厢大啖鱼肉荤腥，这厢清心寡欲粒米未进，以毒攻毒，实在刺激。

　　没有吃喝的日子，生活里就少了大趣味，反而更多些胡乱思考的时间。试想除却节食，三天茶饭不思的状态也唯有两种——热恋与失恋。我是个平庸的人，二十几年的人生在父母的宠爱下大抵路途平顺，并无太多惊心动魄的阅历与磨砺。想来能让人忧愁到茶饭不思的境地，也只关乎于恋爱了。

　　热恋状态中的年轻女子，确是人生的非常时期，倘若发现身边有女子整日面色绯红，眉目盼顾之间散发异样神采，上班时敲字都要咯咯笑出声来，定是恋爱无疑。科学阐释是

恋爱期间女性激素迅速上升，再丑的女子也会变得温顺好看，从头到脚笼罩着被神眷顾的光芒。于是乎内心里欢愉又善感，或心花怒放或悲悲戚戚，眼看着爱情把她们一个个驯化成了最好的诗人。除非你是个女情圣，泛滥多情的外表下内心永结无情契，大多数女子处于热恋的机会又有几次？于是这个状态尤其美，美得似早春微雨中推开窗的一眼桃红柳绿，犹如一张宋人山水小品，沾不得一丝油星儿与烟火气，吃饭？哪里还有心思呀！

妙龄女子可以忧愁的事情并不多，试问你衣食无忧、身体健康，还有什么好抱怨哀伤？也就唯有在爱情里的失恋或失意，才是你生活里的一声闷雷，哗啦啦地扯出一幕狂风暴雨，让你招架不得。最伤心的莫过于一腔热忱之后的辜负，你那么年轻，哪里经得住这番让人措手不及的风险，我亲见你数日茶饭不思，窝在被子里眼泪似断线的珠子滑落下来。人真是奇妙的生物，你若真是爱了，智商就被消减为零，每个人都是个心甘情愿的傻子。

于是我想起一句话：有情饮水饱。在粤语语境里显得尤为真切可爱，舒淇梁朝伟也拿来演过电影，意思是两个相爱的人纵使整日喝水也觉得开心满足。

真的会饱吗？相信的人都是处在热恋里的白痴。当有年轻的女孩子热络地拉着我的手絮絮地说起她的近期恋爱，我总是忍不住要浇上一盆冷水，给那简直要燃烧起来的傻丫头降降温。是否门当户对？是否有车有房？嫁他以后是否能担当起生活？到底是年长几岁，人一下子就变得世俗起来，当然自己也不敢妄称是看穿世事的知心姐姐，遇到事情难保不似女孩子般疯癫，好似李碧华笔下的白蛇，修炼几千年也无法抗拒许仙那俊俏的脸。

可年岁越长，再恣意的人生也会在世俗的框架里规矩起来，当然我不是奉劝你以嫁多金男为人生紧要，但面包与爱情这个老生常谈确实是萦绕人生的矛盾。女人年纪越大，色相就成了古老壁画上褪尽华彩的仕女，可以傍身的安全感除了一个好男人就是银行里的存款位数，若有一样是牢靠的我都恭喜你是个幸福女人，可好男人难保不会变的，好男人不如傍身钱。亦舒有句名言：如果没有很多很多爱，有很多钱也是好的啊……

一段有质量的爱情犹如吃饭，不管你面前的吃食是一盘晶莹的鱼翅还是庸常的粉丝，吃到嘴里才是活命的本领，世上没有几个 Superman，日日端给你锦衣玉食，但有一个把肉丝夹进你饭碗的庸常男人也是好的，有一个攒起工资给你买一颗小钻石的男人也是好的，这样的感情是温饱爱情，有温度，不奢侈，够真诚，正因为吃进去的是可以饱腹的家常吃食，才可以衍生出对生活的无限欲望，有欲望才有追求。

所以姑娘们，若你爱着，请先吃饱。

土豆和胡萝卜，都是可以久存冰箱的坚韧蔬菜，有时候来不及去菜场买过期不候的绿叶蔬菜，打开冰箱看见土豆和胡萝卜君，顿时备感安慰。这两样拿来做凉拌菜，佐米醋、辣椒油调味，酸辣清新，口感爽脆。

酸辣拌双丝

用到的食材：

中等大小土豆1个、胡萝卜1根、蒜2瓣

用到的调料：

辣椒油2勺、米醋3勺、糖1勺、生抽2勺

做　法：

1. 土豆去皮切细丝，用清水洗去表面淀粉，浸泡在水中备用。胡萝卜切细丝，蒜切碎。

2. 锅中水开后下土豆丝、胡萝卜丝焯熟，2～3分钟左右即可，保留爽脆的口感，捞出沥干水分。

3. 取一个小碗，加入蒜、辣椒油、米醋、糖、生抽混合成调料汁。

4. 将调料汁倒入土豆丝、胡萝卜丝中拌匀即可。

锦食堂小贴士

切好的土豆丝洗去表面淀粉可保持清脆口感，浸泡在清水中防止氧化。

11. 鱼香杏鲍菇——胃口与幸福的燃点

拿坏掉的电脑去城中数码产品一条街维修，不料去时接近闭店，只好扫兴回家。途中经过一家餐馆，店名赫然叫作"幸福的料理"，不由得停下脚步啧啧感叹：店主真是大胆又自信啊！一种食物，你可以形容它是麻辣的、酸甜的，或者是咸鲜的，而"幸福"这个形而上的词汇在情感范畴里尚惜墨如金，如今竟与食物对接，变幻出一个完整的短语为餐馆命名，真是够嚣张，况且你怎么确定店中出品的食物都是幸福的呢？于是我的肠胃发出挑衅的信号，索性推门而入，倒想看看是怎样的幸福法。

虽是以卖紫菜包饭为招牌，店却开到 2 层楼的面积，菜单简单至极，不过是一些韩式加西式简餐，价位从几元到几十元不等，于是点一种坐下来等餐。许是下班放学的时段，店里陆续来了着黑色职业套裙的女职员、穿肥大校服的学生情侣、唧唧喳喳的姐妹淘、年轻的带着宝宝的小夫妻……周遭一下子热闹起来，食客们嘴里塞着菜饭依旧眉飞色舞，俨然一副幸福的模样。是加了"幸福"二字的营销手段成功，还是食物的幸福魔力使然？

菜上桌，迫不及待夹一块入口：咦？是再普通不过的菜品了吧，非我吹嘘，锦食堂的出品都会比这个好吃一些。记忆中也会在学校周边小吃车买这样的食物，不见得有多美味，却是填饱肚子的晚餐。而如今毕业多年，见过林林总总的人，吃过形形色色的饭，是否连味觉都变得挑剔起来了？你不再肯迁就泡面与速冻饺子，或对着一盘不地道的口水鸡皱眉。而你关于幸福的胃口呢？是否也不再满足于当年藏匿于丁香花间的月亮以及牵手走过的青涩少年？

再夹一筷子菜，你的嘴角暗自浮上笑意，呵！那时候的幸福是多么简单，是汗水淋漓时一杯加冰的七喜，是图书馆啃书本时孙同学送来的早餐，是周末回家时 68 路公交车末排的座位，是冬天穿着厚厚羽绒服的熊抱，是夏天环游小岛的双人脚踏车……

如今熟女的幸福是什么？是巨大橱窗里带着醒目 LOGO 的名牌手袋吗？是珠宝店里那串大颗的南洋白珍珠吗？你无非是要找个靠谱一点儿的男人而已，只要踏实可靠足以托付终身。席间你饮一口酒，幽然说着这么多年来真是时运不济，人来人往最后还是落了单。朱天文也说："现在如果有一个人出现，能让你说我愿意改变我的生活，那我也很高兴，但这个人你说在哪里呢？你会知道越来越难，因为你的燃点太高了。"

到底是我们回不去了，胃口与幸福都被供上神殿，好像被误解的食物，已无法回归当初那最朴素的味觉。原来这真是幸福到奢侈的料理！

吃素觉得寡淡的时候，我就炒上一盘鱼香杏鲍菇。杏鲍菇有着菌菇特有的香味，口感近似肉类，再搭配泡椒的浓辣和时蔬配菜，是一盘营养均衡的家常下饭菜。有趣的是，这道菜的外形近似鱼香肉丝，口感也很相像，不妨一试。

鱼香杏鲍菇

用到的食材：

杏鲍菇 1 个、青椒 1 个、胡萝卜 1/2 根、水发木耳 30 克、蒜 2 瓣、姜 15 克

用到的调料：

泡椒 1 勺、郫县豆瓣酱 1 勺、生抽 1 勺、糖 1 勺、香醋 2 勺、淀粉 1 勺

做　法：

1. 杏鲍菇、青椒、胡萝卜、水发木耳洗净切丝，蒜压扁切碎，姜切碎粒。

2. 炒锅内放少许油，下葱姜爆香，再下泡椒、郫县豆瓣酱炒出红油。

3. 下胡萝卜丝翻炒。

4. 胡萝卜丝炒软后下杏鲍菇、青椒、木耳丝继续翻炒，倒入生抽、糖、香醋、少许清水混合的调味汁翻炒，炒出水分后炖煮 2 分钟，直到所有食材变软，临出锅前淋水淀粉勾芡。

锦食堂小贴士

1. 泡椒、郫县豆瓣酱都含有盐分，所以其他调味应减量。

2. 泡椒是料理鱼香口味的关键，超市或食材商店有售。

12. 五彩麻酱肉丝拉皮——女作家的厨房

最近阅读疏懒，无意中在图书馆翻到虹影的《我这温柔的厨娘》，她是我近来喜欢的女作家之一，况且还与美食相关联，正中下怀，几日来睡前都窝在被子里很舒服地把它读完，梦也香甜。

女人、女作家、厨房、美食，这几个关键词罗列在一起，好似一盘色香味形俱佳的沙拉，岂有不香艳的道理？这世上顶级大厨多为男性，因为他们是很好的实践者，但能够有把吃食写出一派活色生香的本事，非女作家莫属。她们大多感性、关注细节，而生活中与其息息相关的吃，在她们的笔下自然写得出香气来。

她们会吃，更懂得食物的真意，张爱玲小说里写吃食的篇幅不胜枚举，用稿费买口红也买点心，调养得自己"像只红嘴绿鹦哥"，近来更有餐厅推出"张爱玲宴"，她笔下的松子糖、桂花糕、茄汁鱼球、蒜蓉苋菜等菜式被一一重现，惹人玄想。三毛也是个爱下厨的女人,《沙漠中的饭店》里一道粉丝煮鸡汤即可哄住丈夫荷西的西洋胃,字里行间的温柔俏皮,让人忍俊不禁。日本作家吉本芭娜娜的《厨房》是疗伤的厨房,而李碧华的《牡丹蜘蛛面》《加一片柠檬》更是借吃食写尽人世悲欢……

虹影的美食文字,直接、随性,女人但不女气,有别于美食作家的郑重其事,她只是絮絮地说出好吃与难吃的区别,以及对食物的独特感觉与感情,她做一顿饭,首先是以情感入菜,正如她说:"把你的心融在菜里面,菜就会变得和你想象的一样好吃"。从《饥饿的女儿》到《我这温柔的厨娘》,两本书名本身就让人心生感慨,从幼时的饥饿女孩到现在周游列国的美食家,传奇得犹如童话。朋友说:"童年里的许多亏欠,若干年后都得到了最大限度的补偿。"这句话套用在她身上也很合适,命中注定也好,刻意而为也罢,她从厨房里端出的一道道感恩饭,即是一个皆大欢喜的解答。

我爱女作家文字里的烟火气,把吃这种感官愉悦的行为升华为精神享乐,让人大快朵颐之后还有撩人心思的余味,或许她们才是最好的烹饪高手。如若把女作家的美食文字一一读完,其满足程度不亚于一桌豪宴吧。

跟女作家学做菜,靓丽的外形最博人眼球,想想我也会做这样一道菜。麻酱肉丝拉皮,在东北人家算是经典的年菜，因为也只有过年粗犷的东北人才有心气儿细细选材、配色，装饰出一盘年画般艳丽的冷盘。麻酱与肉丝的浓香，搭配爽口的拉皮和蔬菜丝，味道层层递进，一直缠绕到心里去……

五彩麻酱肉丝拉皮

用到的食材：

猪里脊 50 克，东北拉皮 80 克，鸡蛋 1 个，泡发木耳 3～4 朵，黄瓜、胡萝卜、紫、甘蓝各适量，香菜少许

用到的调料：

麻酱 2 勺、花生酱 1 勺、糖 1 勺、五香粉 1/2 勺、生抽适量、老抽适量、淀粉少许、料酒少许、盐少许

做　法：

1. 东北拉皮切 2 厘米宽的条，放在凉开水中散开备用。

2. 鸡蛋打散在平底不粘锅中，摊成薄蛋皮取出后切细丝，黄瓜、胡萝卜、紫甘蓝、焯熟的泡发木耳分别切成细丝，取一个大平盘，将上述丝状食材按喜好均匀分布颜色码好。

3. 猪里脊切丝加适量淀粉、盐、料酒抓匀腌制 10 分钟。

4. 取一只小碗，将麻酱、花生酱、糖、五香粉、生抽加清水混合成黏稠适度的酱汁，放置 10 分钟。

5. 锅内放少许油，油八成热时下里脊丝滑熟，再加生

抽、老抽炒匀。将拉皮捞出沥干水分码在丝状食材中央，再浇上麻酱汁，最后将炒好的肉丝码在最上层即成。

锦食堂小贴士

1. 食谱中提到的蔬菜类食材可按季节与喜好任意搭配。
2. 摊薄蛋皮选择平底不粘锅可降低难度。

yè xiāo
夜宵
21:00

1. 孜然烤翅——洋歌手与土鸡蛋

　　近期电视台热播一档歌唱选秀节目，与以往包装花哨的选秀节目有些不同，强调实力派、好声音，并邀请大牌实力唱将做评委，放低身价现场招兵买马，好不热闹。选手登台演唱，评委们背对只用耳朵分辨声音优劣，觉得不错便按钮，椅背转向前台，这才真正识得庐山真面目。选手个个有故事，一把好嗓子背后是爱好文艺的青年农民、为爱创业的个体经营者、为完成父亲遗愿而登台的小姑娘、声音酷似邓丽君的盲女歌手，等等，评委闻声识人，每一次都惊得大跌眼镜。节目很好看，但有一点总感觉别扭，选手衣着朴素，简单到只穿 T 恤短裤登台，一个两个也罢，逐一看下去，个个作天然去雕饰、清水出芙蓉状，淳朴得有点刻意，显然"卖相"不佳。

　　我不清楚"卖相"是何地方言，但潜意识里总觉得是用来形容食品的外观的，我也经常这样说："餐馆这道宫保鸡丁真是卖相不佳。"直到后来有人说："这人卖相真好！"初听觉得诧异，甚至觉得有轻贱的意味。顾名思义，卖，指贩卖、销售。相，指相貌、皮相。能用来"出卖"的"皮相"，不是有很明显的风尘气吗？后来听人解释这是某些地方的方言，不仅可以用来指物件，也可以用在人身上。

歌唱选秀节目中那些从声音到台风都成熟到近乎专业的选手，显然不都是在土地上耕种的农民，劳作闲暇坐在田间地头吼上几嗓子的"原生态"。为何个个身上都或多或少地沾染着些"泥土气"呢？一个纯熟动人的声音，大多是需要多年演唱及舞台经验才能打磨出来的吧，这些选手大多应该是成熟的酒吧驻唱歌手（据说节目组物色选手时也是专门到各地酒吧挑人），生活再清贫，一两件演出服总该是有的，况且我觉得拥有如此好声音的实力派歌手，纵使相貌平平，日子也一定不会太差，不至于穿着 T 恤短裤登台，显然这是节目组刻意而为的"设计"之一。网络上曾经看过一段另外一个歌唱选秀节目视频，小伙子穿着简陋寒酸，镜头从头到脚拉下来，布鞋上甚至沾着泥块。他开口，声音清亮悠远，顿时惊为天人。正当我感动得一塌糊涂之时，有人丢来一个爆料帖子，图片上还是这个小伙子，却是衣着时髦搔首弄姿的歌手宣传照，两相对比，又惊又怒。不能否认选手出身寒微，但后来也自我奋斗成专业歌手，却为了比赛，自我"打回原形"。本来是一把足以震撼人心的好嗓子，却非要刻意制造"泥土气"，再看那沾着泥块的布鞋特写，感动全无，令人作呕。

衣着光鲜的都市人，喝洋酒穿洋服买洋货，先敬罗衣后敬人，个个都是外貌协会的，生怕自己与"土"字沾染上一星半点儿。偏偏对一个吃字，却弃"洋"尚"土"，小个头的土鸡蛋比洋鸡蛋要金贵许多,自然价格不菲。农民直供菜摊上沾着泥土的矮株青菜与小萝卜,比茁壮饱满的要畅销,番茄要选自然熟成红里带青的颜色,土豆"土得掉渣"最好,鸡要吃土鸡,菜要吃野菜,就食材而言,土气的卖相才最讲究。据说有些菜贩为证明所售春笋的新鲜程度,特意在笋壳上抹上些泥土,卖相鲜嫩得好像还带着清新的泥土气一般,让人毫不犹豫掏空腰包。

歌唱选秀节目里的选手,也好像被涂上泥的春笋,明明内里灼灼其华,却被披上欲扬先抑的"泥土气",画蛇添足,着实不必。就像美味,再好的卖相盛在粗瓷碗中也大打折扣,美器佳馔,才相得益彰。

用了家里的土鸡做了孜然烤翅,因为不是市场大袋装的分割鸡翅,一只鸡只得两个,所以成品只有一对烤全翅。吃惯了香辣烤翅、蜜汁烤翅,偶尔回归孜然烤翅也不错。孜然香气从烤箱里传出来,蛊惑而迷人,配杯冰啤酒,夏夜惬意悠长。

孜然烤翅

用到的食材:

鸡全翅 1 对、蒜 1 瓣、姜 2 片

用到的调料:

孜然粒适量,孜然粉 1 勺,花椒粉、辣椒粉各适量,料

酒1汤匙，生抽1汤匙，盐、香油各少许

做　法：

1. 鸡全翅洗净用厨房纸巾擦干，用牙签在鸡翅正反两面扎数个小孔，以方便入味。蒜、姜切碎。

2. 取一个保鲜盒放入鸡翅，加入蒜姜碎、孜然粉、花椒粉、辣椒粉、生抽、料酒、盐，各味调料放少许即可。

3. 戴上料理手套按摩鸡翅5分钟，促进入味（或装进保鲜袋中揉捏入味）。入冰箱冷藏腌制2小时。

4. 烤箱预热上下火220℃，烤盘上铺锡纸，放上腌好的鸡翅烤7～10分钟，时间根据食材多少及自家烤箱温度而定，中间翻面，烤到两面金黄熟透。

5. 取出在鸡翅表面刷一层香油，撒少许孜然粒，入烤箱再烤3～5分钟，表面有轻微焦痕取出。

2 ● 卤味小菜拼盘——神仙的卤味

夏日大雨来临前刮着凉风的傍晚，我开窗听着外面的嘈杂声，欣欣然起上一锅老卤汁，荤荤素素卤上一锅，待整个厨房氤氲起那浓郁的香气，蒸腾着"咕嘟咕嘟"的微妙声响，我总是赤脚盘坐在榻榻米上，像个大神般口中发出叽里咕噜的呓语。此时窗外狂风骤雨来袭，空气里翻扬着青草与泥土气，我又迅速跳到厨房翻看卤汁中的豆干和鸡蛋，已染成美味的酱色，再贪心地加一味海带结，继续念咒。到了晚上雨声渐息，走进黑暗的厨房摸出一罐冰啤酒，捞出卤汁中的各色下酒小菜，在卧室飘窗设一小桌，点两盏"竹灯笼"，放中孝介的歌，饮至微醺，神仙一夜好眠。第二天早晨进厨房却急得跳脚，原来苦心看守的那锅老卤汁已被老妈当废物倒得干净，那一瞬间好像假菩萨忽被抽掉莲花座，急速跌到污泥里，最后现出妖怪的原形来。

呵护好一锅老卤汁，是每个神仙厨子或者妖怪吃货必要修炼的基本法术。一锅上好的卤汁，以各色香料细细熬煮，需经常卤制鲜味较浓的动物性食材，以保持卤汁的浓郁鲜香。鸡、鸭、鹅、兔的鲜味应避开牛、羊及各种动物"下水"的重味。还要时时查看卤汁的色泽、咸度以及汤汁的充足程度，卤汁太浊，需用动物血或者瘦肉蓉在汤中"扫"清，太清则要及时加料以保持平衡。过去的厨子视卤汁为命，装在坛子内日日煮沸防止其腐坏。而如今我等现代吃货妖怪则一股脑儿冷冻在冰箱，用时化冻便可，每年夏天或节日应景地卤上几锅，比某些卤味店要放心得多。

爱上卤味的人，大多是有故事的吧？味道浓烈鲜香，若是辣卤，则刺激到舌尖头皮发麻，最后乖乖归顺投降。卤味好像是脾气古怪的老人家，看似刁钻难搞，却让人不由得依顺着他，然后慢慢品出他的好处来。电影《桃姐》中的桃姐会在厨房大锅里投入各种草药，细细地卤出一味牛舌，然后从容地投宿老年公寓。最后那牛舌被年轻人从冰箱里挖掘出来，吃出许多与桃姐的陈年旧事，当做珍宝一样怀念。

我爱吃的卤味，是那种卤过鸡鸭后沾着荤气的素卤味儿，豆腐、魔芋、海带、莲藕、花生、荸荠，都是素卤味的好食材，卤过后既保留蔬菜的清甜，又融合着荤食的浓郁鲜香。可以让人抛弃食肉的羞耻心大嚼，荤心食素，更是贪婪。

男女的日子也是一样，明明是风马牛不相及的荤素两种动物，被投入婚姻的卤味大缸，相互撕咬又慢慢融合，渐渐发现彼此身上竟有了同样的琥珀色，甚至你最不屑的属于他的叹息声也会在自己的鼻子里不经意哼出来。就好像荤食男娶了素食女，会变得兔子般温顺。素食女嫁了荤食男，沾得满身猪油气，圆润得起了包浆。

这缸荤荤素素的卤味，纵使有人想拼命跳出来，那种卤水颜色与气味是怎么洗也洗不脱的。在卤味面前，谁都做不成清心寡欲的神仙。

卤过鸡鸭等荤食剩下的卤汁可以做一盘卤味小菜，食材按熟烂程度分时间投入锅中，小火慢卤，经过时间的熬煮，即可变换出各式各样的卤味小菜，夏日消夜来一碟，乃啤酒杀手。

卤味小菜拼盘

用到的食材：

老豆腐 1 块、鸡蛋 2 个、海带 60 克、魔芋结 60 克

用到的调料：

老卤汁适量、盐适量

做　法：

1. 老卤汁从冰箱取出解冻，倒入较深的汤锅内，加入适量清水，大火煮沸后关火备用。

2. 鸡蛋煮熟剥皮，海带反复洗净，改刀打成海带结（也可买现成的海带结），魔芋结从盒中取出冲水沥干备用，老豆腐对半切开备用。卤汁煮沸后加入盐、豆腐、鸡蛋，小火煮 20 分钟。

3. 再下海带结、魔芋结煮 10 分钟关火，取出海带和魔芋结，将鸡蛋、豆腐留在卤汁中浸泡 2 小时以上，表面出现酱色为好。

4. 将卤好的食材取出沥干卤汁，豆腐改刀成厚片，鸡蛋对切，将所有食材按喜欢的样式在盘中码好。

锦食堂小贴士

1. 卤汁的制作方法：炒锅内倒少许油，冷油中下葱、姜、干红辣椒、香叶、陈皮、桂皮、丁香、八角、花椒、小茴香、肉蔻，小火慢慢炒出香味。加足量的清水，再加生抽、老抽调味。大火烧开，转小火煮 30 分钟。

2. 老卤汁加入清水后如咸度和辣味不够可再加盐和干红辣椒。

3 ● 苏叶烤肉卷——八点档开吃

相比国产电影，我更爱看国产电视剧。国产电影追求国际化，爱炫特技、音效，说些不明所以的故事，处处隐藏着导演想要拿奖的功利心。而国产电视剧就朴实得多，制作也许略显粗糙并且剧情要拖沓到三十集以上，但至少讲些真话。特别是国产家庭伦理剧，讲的都是些家长里短、鸡毛蒜皮的小事儿，像晚餐桌上那盘土豆烧肉一样家常。家庭主妇通常做好了晚饭，和家人吃完，收拾妥当摘了围裙，手上因刷碗沾着的水滴还没干，就迫不及待打开电视机观看八点档电视剧，看恶婆婆怎样为难媳妇，准女婿怎样讨好丈母娘，以及奶奶和姥姥抢孙子的恶战，每个角色和情节都有可能和身边的人与事对号入座，因此格外受欢迎。

但对于一个吃货家庭主妇而言，却有另外的关注点，那就是八点档电视剧里的吃喝。民以食为天，况且中国人如此爱吃，所以国产家庭伦理剧中隔五分钟就吃饭的频繁镜头也并不夸张。中国人好吃，餐餐都不马虎，所以剧中即使是普通人家餐桌上也得摆至少四五个盘子，且边吃边聊。从国际新闻侃到肉价菜价，从家庭重要决议聊到孩子的奶粉尿片，中国人的"餐桌会议"从来都是这样热辣新鲜。当然，电视剧还不忘在餐桌上植入软广告，爷爷喝的是某品牌的酒，孩子喝的某品牌的果汁，LOGO 的特写要明晃晃地出现才好，餐餐都是头牌花旦。

如果导演是个关注生活细节且深谙美食之道的人，那么他镜头里的吃喝就格外好看，南方人的餐桌上必定有盆汤，北方人的餐桌上得是浓油赤酱的小炒。相反若是盘子里都是些黑乎乎看不清楚的一团，就少了很多生活味儿，看演员大口吃着面目模糊的道具菜，也让人反胃。记得某个电视剧里媳妇吃不惯东北公公做的菜，嫌太素。桌上确实都是些简单的炒青菜之类。但对于一个东北人来说，特别是简朴的老辈人，早年东北物资贫乏，炒青菜属于细菜，要到过年过节才有的吃。老辈东北人根本不擅长炒青菜，他们更习惯炖菜。炒青菜，只能在南方人的家庭餐桌上出现啊！忽略了这样的细节，剧情就有不接地气的尴尬。

大陆剧里常出现的美食是烤鸭、油条、炸酱面、红烧肉、炒青菜、糖醋排骨、番茄炒蛋以及餐馆中的奢华宴席等。香港 TVB 剧里则是烧鹅、鱼丸、蛋挞、菠萝油、煲仔饭、双皮奶、猪脚姜以及丝袜奶茶。常有妈妈们煲了汤或糖水打电话叫儿女回来喝，或者穿西装打领带的白领在茶餐厅大口吃着一碗热腾腾的餐蛋面。日剧里则是传统的和果子、寿司、居酒屋里的串烧、美食摊上的炸物、拉面店里的豚骨拉面。混搭吃法在日剧中也很常见，普通餐馆里有牛肉饭、日式火锅，也有蛋包饭、汉堡排，咖啡馆里卖关东煮，拉面也可以和中华烧卖一起混着吃。韩剧就表现得更夸张了，不仅每集都出现五花肉配烧酒，花样美少男的夜宵一定是大盆拌饭或者煮辛拉面。女学生们放学后多是兴奋地议论去哪吃炒年糕，奶奶辈通常会做了好几样泡菜，大盒小盒地包好给孙子送去。而美剧里的吃喝就明显逊色一些，外卖比萨、汉堡加薯条、盆栽一样的蔬菜沙拉。主妇把肉和菜炖上一大锅，或者用烤箱烤一大盘千层面，分到每个家庭成员的盘子里，简单吃完就算了事。但美剧中很少像国产剧中有大量的豪宴画面，通常是在自家开派对，孩子追着妈妈烤面包的香气在厨房里跑跳，更多了份家庭的温馨。对于美剧中常出现的中国菜以及中国餐馆，吃货们也许会会心一笑。

　　当然既是演戏，吃什么本来无可厚非，毕竟是演给人们看的样板生活。但若剧组请服装顾问、美术顾问的同时，也请个懂吃的美食顾问指点一二，拍出来的八点档家庭剧应该格外打动人，甚至会让观众对剧中的某种吃食垂涎欲滴，关掉电视机去找家烤鸭店、韩国烤肉、日本料理或意大利餐厅大快朵颐一顿才甘心。八点档后开吃，方显吃货本色。

　　颇有韩剧风格的苏叶辣白菜烤肉卷，苏叶是韩国烤肉店里常用食材，味道浓郁、香气独特，包着烤肉吃是绝配。如果厌烦了烤肉店里的油烟，自己在家做一份辣白菜炒烤肉，包着苏叶吃也很爽口。新手厨娘也可把它当作一道家宴菜，苏叶包好造型端上桌，独特抢眼。

苏叶烤肉卷

用到的食材:

猪瘦肉(也可换成猪五花肉或者牛肉)200 克、辣白菜 100 克、苏叶 20 片(大型超市有售)

用到的调料:

盐少许、料酒 2 汤匙、色拉油 2 汤匙

做　法:

1. 猪瘦肉切 2 毫米厚的薄片。

2. 肉片放入大碗中加盐、料酒、色拉油抓匀腌 15 分钟。因为之后加入的辣白菜有咸度,盐要少放。

3. 辣白菜在熟食案板上切小段,苏叶洗净控干水分。

4. 不粘锅烧热下腌好的肉片煎炒,如出水则倒出一部分水分。

5. 肉变色后下辣白菜及其汤汁翻炒均匀。

6. 苏叶平铺熟食菜板上,中间铺上炒好的肉,卷起,用苏叶的叶柄在接口处刺穿,一个烤肉包就做好了,把其他的烤肉包做好,摆盘即可。

4·麻酱鸡丝凉面——美食 AV 片

有人喜欢吃饭,有人喜欢做饭,有人对食物的喜好却并

不仅仅局限在吃与做本身。比如有人说："我喜欢葱花在油锅中炸开的香气与噼啪作响的声音。""我喜欢溏心蛋的蛋黄流在米饭上的状态。""我喜欢肉在烤盘上渗出晶莹的油脂。""我喜欢剖开蔬菜水果观察各种好看的横截面。"这些都是食物带给人的格外馈赠，真让人身心愉悦。于是他们说："我对食物的态度更像一种欲望。"

《孤独的美食家》，一部日本人气漫画改编的纯吃货剧，相比心灵鸡汤式的《深夜食堂》，食欲在这里来得更现实直接。中年吃货大叔因工作关系东奔西走，午餐时段捧着饥饿的胃游走于日本满街林立的大小餐馆，丰乳肥臀的炸猪排套餐，活泼俏皮的烤鸡肉串，烈焰红唇的无汤担担面，缱绻柔情的静冈关东煮，风情万种的大葱里脊烧……摆出各种诱人的姿势，像极了红灯区当街拉客的风尘女郎。二十几分钟的剧集除了交代下简单的剧情背景，剩下的就是：吃，吃，吃，吃，吃。从第一口吃到最后一口，有时连句台词也无，只有刀叉滑动的吱嘎声，咀嚼食物的咔嚓声，吞咽口水时喉头发出的咕咚声，饥饿时胃袋发出的咕噜声，大快朵颐后大叔一个长长的饱嗝居然都被列为特写！一部奇怪的心理活动占百分之九十的电视剧，即使是表现内心旁白的画外音也不外乎是："呀！肚子好饿！""咦？吃点什么好呢？""哇！看起来真好吃！"每当表情苦逼的长脸五郎发出"啊！真美味啊！"的时候，就让人产生恍惚感，好像什么呢？像——像不像一部岛国 AV 片？

　　这是一部美食 AV 片吗？好像 AV 片男女对其的诉求点各有不同，男人通常用来填补生理需求，而女人看 AV 片的心情除了猎奇心理外更像欣赏一部喜剧吧？吃着一碗泡面看五郎大嚼牛排，跟未婚青年对着苍井空打飞机又有什么区别？每集末尾还有原著作者亲临书中餐馆重温旧梦，连"后戏"都做得很足，多体贴！

　　美食 AV 片，它的受众自然是一些欲求不满的吃货，我也在其中。通过看《孤独的美食家》忽然发现，看别人吃饭也是件过瘾的事儿。现实生活里还真有人在这么干，美国新泽西州一位体重接近 600 磅（约 540 斤）的女子唐娜·辛普森（DonnaSimpson）正在为成为世界上最胖的女人而努力奋斗，早餐大嚼高脂肪，午餐狂吃高热量，每天都要吃掉热量总计高达 12000 千卡的食物，每个星期她要花掉 400 英镑购买食品。另外，唐娜还经营了自己的网站，制作自己吃东西的视频，粉丝需要付费才能观看。你看，这个吃货在塞满胃囊、制造肥肉的同时还能名利双收。

　　"不被时间和社会所束缚，幸福填饱肚子的时候，短时间内变得随心所欲，变得'自由'，不被谁打扰，毫不费神地吃东西的这种孤高行为，这种行为正是平等地赋予现代人的最高治愈。"的确，食欲是多么动人的东西。我有多爱你，就有多贪婪，我最终占有你，与你坦诚相对，纯粹、原始、毫无羞耻心。

看《孤独的美食家》中的干拌担担面而垂涎欲滴，但夏天吃来太火辣，今天来一份小清新麻酱凉面。清清爽爽却依然不乏香浓的好滋味，适合夏日厨房。麻酱汁的调配方法是参照网络帖子得来，传说是新川面馆师傅无偿奉献的神秘配方，可信度多少暂且不说，味道还不赖。我的食谱是根据家中现有食材和自我感觉做了些调整，同样好吃，吃不完的酱料存冰箱，大热天里随时可来上一盘好面。

麻酱鸡丝凉面

用到的食材：

鸡胸肉 1 块，鲜面条适量，黄瓜 1 根，葱、姜、蒜各少许

用到的调料：

芝麻酱 3 汤匙、花生酱 1 汤匙、生抽 2 汤匙、糖 1 汤匙、醋 2 汤匙、老抽 1/2 汤匙、白酒 1/2 汤匙、青芥末 1/2 汤匙、胡椒粉 1/2 汤匙、花椒粉 1/2 汤匙、盐 1/2 汤匙、鸡粉少许

做 法：

1. 葱姜蒜切末，碗内放入芝麻酱、花生酱，加适量温水调开，再加入生抽、老抽、醋、糖、白酒、青芥末、胡椒粉、花椒粉、鸡粉、盐、少量葱姜蒜末。

2. 搅拌成浓稠适度的麻酱汁，放置 2 小时以上。

3. 鸡胸肉洗净，加两片切好的姜片放入蒸锅大火蒸 8

分钟。

4. 取出鸡胸肉放在熟食菜板上，用擀面杖顺着鸡肉纹理拍松，用手顺着鸡肉纵向纹理撕成鸡丝备用，不用很细。

5. 黄瓜处理成丝备用。

6. 将鲜面条煮熟，放入凉开水中片刻捞出，浇上麻酱汁，放上黄瓜丝、鸡丝即成。

5 ● 酒鬼花生——餐桌在别处

闹铃声刺入耳朵，他们从床上弹起来，碟片快进般的速度洗漱穿衣，全程互不做声，刷牙节奏莫名地保持一致，这样的时刻他们反倒默契起来，因为晚起彼此连嗔怪的时间都不会有了。把自己和行李塞进出租车，再疯似地奔跑到进站口，他抬腕看表，长舒一口气，离开车还有 20 分钟。好吃女此刻终于打破沉默："那我可以去买早餐了吗？""唉，又来！千万要看时间！"

卧铺火车上，她悠悠然掀开早餐盒子，皮蛋粥的热气扑上脸，一勺子舀进口中，胃舒畅起来，旁人纷纷侧目，此女子脑筋真是大条，亡命天涯般地赶车，气都喘不匀还念念不忘一份火车早餐，但对于胸无大志、只把吃奉为人生紧要的人来说，放弃一份天时地利人和的"别处美餐"，那是要命的事儿。

　　在餐桌上正儿八经地吃固然是好，但有时一些“非餐桌”的外食行为常常是别有情趣的。电影《春田花花同学会》里公司小职员会在锡纸盘中磕入一枚蛋，放于电脑机箱之上，然后疯狂敲击键盘，利用热量煎熟鸡蛋。这行径或许夸张，但对于有别处餐桌癖好的馋猫们来说真是要会心一笑了。日本作家妹尾河童也是火车便当爱好者，他不仅把在火车上吃饭当成一件十分美好的事，更是把吃过的各类火车便当悉数用图画记录下来，有时甚至不为旅行而旅行，简直是为了要吃一种新奇的火车便当而专门去乘火车了。

　　有时候馋也是一种高智商，馋到一定境界追求的不仅是感官满足，例如就餐氛围这个心理需求就应运而生，不在餐桌上吃那在哪里吃？火车上吃，飞机上吃，床上捧着零食边看电影边吃，宇航员挤出来的牙膏状食品是咖喱味还是海鲜味不得而知，热衷路边摊的短裙 MM 手持一串铁板鱿鱼全然不顾淑女形象，日本职员在严苛的工作时间内更要练就在一尘不染的卫生间内吃便当的本领……

　　对于别处餐桌爱好者来说，野餐的意义大于春游，运动会集体饕餮的意义甚于冠军奖牌，《红楼梦》那些小儿女一时兴起雪地里烤鹿肉的伎俩简直小儿科，倒是老北京胡同里大爷们的生活令人艳羡，暮色四合，胡同口支起小桌椅，二两烧酒一盘花生米，天南地北一通海聊。

　　此刻满树槐花开得香甜，过客们匆匆一瞥，在微醺的时光里慢下脚步，甚至有些依依不舍，只好眼巴巴地走到汹涌的都市尽头去。

花生这东西，无论到哪里总是有太多拥趸者。油炸花生米就更不必说了，花生本身就是榨油的食材，再用油炸"油"，一颗颗吃下去的都是圆胖的油脂，忽然觉得胆战心惊。但是因为油炸花生的奇香，让多少人摒弃苛刻遵守的原则，一口口吃到满足，然后再跑上2小时跑步机才能心理平衡吧？试做了时下流行的酒鬼花生，加了花椒、麻椒、辣椒几味，更是香得过分、毫无原则，那么就让我开心地沉堕下去吧！

❖❖❖❖❖❖❖❖❖❖❖ 酒鬼花生 ❖❖❖❖❖❖❖❖❖❖❖

用到的食材：

花生 100 克

用到的调料：

干红辣椒碎 60 克、花椒 10 克、麻椒 10 克、白酒 1 勺、盐适量、植物油适量

做　法：

1. 花生用水泡 2 小时以上，涨大为好。

2. 花生泡好后剥去表面红衣备用。

3. 去皮花生擦干水分，装入保鲜袋入冰箱冷冻 8 小时以上。

4. 锅内倒较多的植物油，直接在冷油中下冷冻花生米，

全程中火炸，中途不断用铲子翻拌，直到花生变黄开裂为好，捞出备用。

5. 锅内油烧至七成热，再下花生米复炸一遍，快速捞出。

6. 锅内留少许底油，下花椒、麻椒、干辣椒碎，小火慢慢煸香。

7. 倒入炸好的花生米翻炒，加入适量盐调味。

8. 最后洒白酒翻拌均匀即可。

锦食堂小贴士

1. 花生必须冷冻 8 小时以上，通过冷冻散发果仁内水分，使花生更易炸透。

2. 出锅前洒白酒能让花生米更酥脆。

6 ● 酱牛肉——老派小资的吃喝

读《雅舍谈吃》，越发觉得梁实秋真是小资。这种小资不是当下年轻人蛋炒饭里加一点朗姆酒就意乱情迷的假小资，他的小资是老派的，甚至还有一点保守、俭省，但最是真材实料，好似一张明代茶案，看似朴素，实则韵味隽永。

写吃的最好状态是"馋"，梁实秋馋得文雅，不是饥肠辘辘时一碗饱腹的面条，而是餐后意犹未尽的小块甜点，永远带着八分饱的期盼，于是衍生了书中一段段关于吃喝的味觉记忆。吃食经过一番记忆提炼，融注笔端的过程很微妙，笔下的吃不如现实中的吃来得直接，却充满想象，越读越馋，越馋越读，是旁人看来的自虐，自己的乐在其中。

他说："馋，则重在食物的质，最需要满足的是品位。上天生人，在他嘴里安放一条舌，舌上还有无数的味蕾，教人焉得不馋？馋，基于生理的要求，也可以发展成为近于艺术的趣味。"梁实秋的品位不似唐鲁孙的大家气派，酱菜、汤包、烧饼、油条，都能写上一写，却有着文人食客的渊博与风雅，一道庸常吃食纵横南北、开合古今，柴米油盐中亦有大典故。读罢《雅舍谈吃》还真是长了不少见识。

梁实秋在《炸丸子》一篇想起幼时倚在母亲身边与兄妹分食小丸子的情景，读来动人心肠，他说："事隔七十多年，不能忘记那一年吃小炸丸子的滋味……"这种馋是带着乡愁的，思乡产生的最直接的欲望不外乎是家乡美味，1926年他从美国留学归来，下车直奔煤市街致美斋，海吃一通爆肚才施施然回家团聚，让人哭笑不得，与其说想家，莫不如说想吃更真切些吧。

章诒和在《往事并不如烟》里回忆文革中的康同壁，这位昔日的名媛生活虽处窘境，早餐桌上寒酸得只剩下馒头片与豆腐乳，依然可以花尽心思，六个漂亮的外国巧克力铁盒，分别标注出豆腐乳的名称，王致和豆腐乳、广东腐乳、绍兴腐乳、玫瑰腐乳、虾子腐乳……要去前门路东的豆腐乳专门店，端腐乳盒走路的姿势都要昂首挺胸，真可谓"坐销岁月于幽忧困菀之下，而生趣未失。"

老派人的小资，往往不需要刻意标榜，是跑遍半个北京城只为买两斤月盛斋酱牛肉的宁缺毋滥，是骨子里的奢侈与贵族气，只可存留于那个湮灭的旧时代中，今人怎能模仿得来？

家中肉食主力最爱的食物就是酱牛肉，外面熟食店一块动辄几十元，会过日子的厨娘算下来一个月也要花费几百银两。于是自己在家中学做酱牛肉，酱好的牛肉可作晚餐的冷盘，也可作早餐牛肉汤面的面码，抑或是夜晚无聊时偷偷切几片下酒的夜宵。因为有块酱牛肉存在冰箱，这对吃货夫妻才会面露满足安稳的笑……

酱牛肉

用到的食材：

牛腱 1000 克、蒜 3 瓣、葱段适量

用到的调料：

干黄酱 200 克、干辣椒 6 颗、冰糖 40 克、八角 2 颗、老汤 2 碗、生抽适量、料酒适量、小茴香适量、香叶适量、花椒适量、桂皮适量、丁香适量

做　法：

1. 一个牛腱切成 3～4 个大块，放入清水浸泡 1 小时倒去血水。锅内放足量水，水开后倒一点料酒，下牛肉飞水，撇净浮沫。

2. 将焯好的牛肉用清水冲洗干净备用。

3. 将干黄酱用少量温水化开，加入生抽搅拌均匀。

4. 将牛肉放入高压锅，倒入调好的酱汁，再将干辣椒、冰糖、八角、葱段、拍好的蒜、小茴香、香叶、花椒、桂皮、丁香倒入锅中。如果有煲汤的纸袋或纱布，可将所有香料包好放入锅中料理，这样汤汁比较清澈。

5. 向锅内加入足量的老汤或者清水，水量以浸没牛肉为宜。

6. 高压锅选择肉类程序，压 40 分钟左右，时间视高压锅操作模式而定，做好的牛肉能用筷子轻松扎透为好，断电后将牛肉留在锅中浸泡 2 小时或者更久。

7. 将牛肉彻底放凉，用锋利的刀逆着牛肉的纹理切成薄片摆盘。

锦食堂小贴士

1. 酱牛肉的汤汁可过滤后装食品袋入冰箱冷冻保存，下次酱牛肉时化开代替清水循环使用，就是老汤。

2. 酱好的牛肉需彻底放凉，才能切出外形漂亮的牛肉片，否则会很松散。

3. 酱牛肉吃时可按喜好将生抽、辣椒油、蒜泥等调成汁蘸食。

7 • 苏叶煎豆腐——深夜里的食客

悦然的主题书《鲤》中有一本是关于嫉妒的主题，记得有人说："我嫉妒在半夜吃泡面加蛋的人，我嫉妒半夜下速冻水饺的人，我嫉妒半夜吃大排档烧烤和柴板馄饨的人，我嫉妒半夜喝冰啤酒的人，总之我嫉妒半夜里大吃大喝的人……"

在深夜里吃饭并且好好吃饭的人，真是很可爱的一群，幸福得没有节制，对自己亦有温柔的怜惜。如果你在深夜里觉得饿，并且想吃，这是对生活最真切的欲望，委实不必掩饰，抛却肥胖与不健康的因素，偶尔的放纵，也是非常有趣的事。

前几天忙画展开幕，周末不得休息，孙先生来陪我却从早到晚见不到面，加班到很晚也没有和同事一起吃饭，归心似箭地回家，起锅烧菜，热火朝天，二人各做一样菜，深夜里端上桌，斟好酒，开动前几乎同时说："我尝尝你的红烧排骨。""我尝尝你的虎皮青椒。"两个声音碰到一起，抬头对视而笑，他说："你我这么多年，还有这样的默契，真是好。”我忽然缄默，感慨万千。

烟火日子里的男女，无非是烧菜、吃饭这样的简单，却又有很多不简单的道理。这一餐饭，你陪我吃了近十年，在深夜，在白天，时光滴滴答答落进碗中，我抬头看你，已不是当初少年模样，你一直是我的食客，而我亦是你的。这情分，实在需要感恩。

韩式料理中最常点的一道就是煎豆腐，也是极适合做消夜下酒的菜。煎豆腐看似简单却是需要耐心地料理，能做出精致煎豆腐的餐馆，大抵会有位对料理充满诚意的厨子。我自己在家做这道煎豆腐，最爱加几片苏叶，豆腐和鸡蛋的醇厚绵软最合苏叶的独特香气，是为料理加分的好食材。

❖◆❖◆❖◆❖◆ 苏叶煎豆腐 ◆❖◆◆❖◆❖◆❖

用到的食材：

老豆腐 1 块、苏叶 50 克、鸡蛋 1 个

用到的调料：

生抽 2 勺、小米辣 15 克、植物油适量

做　法：

1. 苏叶洗净控干水分切碎末，加入打散的鸡蛋液中搅拌均匀。

2. 老豆腐切厚度约 5 毫米左右的长方形。

3. 平底不粘锅内倒少许植物油，豆腐均匀蘸满蛋液。

4. 油七分热时放入锅中小火慢煎。

5. 两面煎至金黄为好。

6. 小米辣切碎，用生抽浸泡，做煎豆腐蘸汁食用。

锦食堂小贴士

选择品质好的平底不粘锅，可使煎豆腐的外形完整、漂亮。

8 ● 烤牛肉串——深夜食堂

最近一直在看一部日剧叫《深夜食堂》，全剧共十集，每集不过二十多分钟的样子。我每每下班做好简单的晚饭，在电脑前捧着盘子边吃边看，一日一集，看得很珍惜。

东京新宿街巷里的小餐馆，营业时间为晚 12 点至次日早 7 点，餐单上永远只有猪肉酱汤套餐，而其他的可以由着食客的意思来点，条件允许尽可能办到。每集由一种吃食而延伸出一段故事，第一话红色香肠和鸡蛋烧，第二话猫饭，第三话茶泡饭……

寡言的黑社会人士、妖艳的脱衣舞女郎、昙花一现般演歌女孩、聒噪单纯的茶泡饭三姐妹……各色人等如走马灯一般在入夜时分映出斑驳光影，诡异、极端又异常真实地在夜幕下被放大，却又被食物的热气温柔地抚慰着，让人心生悲悯。

小林薰大叔坐在店内一直抽烟，眼角有疤，目光隐忍。我爱这样的剧里男主角与爱情无涉，似乎与剧情都无太多牵连，他只是坐在那里用一道道饭讲述人生里微小又宏大的故事。又好似特意停留于此来渡你的菩萨，你路过时有人给你端出一盘吃食，食罢瞬间觉悟，悲喜交集，这又哪里是吃饭呢？分明就是在品尝一盘自己选择的人生呀！

有时候会想，如若真有这样一家深夜食堂，你推门而入会点什么，那又该是一段怎样的故事呢？

炎炎盛夏，越入夜，想大口吃肉大碗喝酒的馋心越蠢蠢欲动，如果没有几个放纵的夜晚在大排档不醉不归，整个夏天就是不完整的。为此付出的代价是，迅速长上几斤肥肉，或者拉几天肚子。肠胃敏感的人，闻着夜晚大排档传来的烧烤香气，也只有望洋兴叹的份儿了。但这些都难不倒吃货，只要有台小烤箱，在家也能做出大排档范儿的烤牛肉串。

烤牛肉串

用到的食材：

牛里脊 100 克、青椒 50 克、胡萝卜 50 克、蒜末少许

用到的调料：

烤肉酱 2 勺、黑胡椒粉 1/2 勺、孜然粉 1 勺、辣椒粉 1

勺、五香粉1/2勺、淀粉1勺、料酒1勺、生抽1勺、糖1/2
勺、橄榄油1/2碗、盐适量

用到的特别工具：

竹扦

做　法：

1. 牛里脊切成指甲大小的块。

2. 加入淀粉、五香粉、1/2勺孜然粉、1/2勺辣椒粉、
盐、料酒、蒜末、生抽，倒入适量橄榄油。

3. 戴上料理手套抓匀码味，腌2小时以上。

4. 胡萝卜去皮切圆片，青椒切成适口三角块。

5. 按照胡萝卜、肉、青椒、肉的顺序将食材穿到竹扦
上，中间留有一定空隙，不要穿得太满。

6. 穿好的肉串均匀放在烤架上，再将烤肉酱、生抽、
橄榄油、糖调成酱汁刷在肉串上，再撒一层黑胡椒粉、孜然
粉和辣椒粉，200℃上下火烤15分钟左右，中间翻面一次。

锦食堂小贴士

1. 牛肉可选上脑、肋条等肥瘦相间的部位，烤出来比
较香嫩可口。如果不喜欢肥肉也可选牛里脊，口感较嫩。

2. 烤箱温度与烤制时间根据实际情况调节。

9. 翡翠油泼面——烹饪，抵御孤独感的最好方式

初来 S 城，无亲少友，独自应付新生活，上帝向来爱开玩笑，某天好兴致把你抖抖灰尘扔进一个新世界，睁开眼俨然一个陌生熙攘的新天地，于是近四个月来每天晨起都不知身在何处。

我不是强大的鲁宾逊，S 城也非荒岛，在这里我有一处住所，一份谋生的工作，一项烹饪的技能，饿死还真是个难事。可每当夜幕滑落，整个 S 城灯火绚烂，那么多的欢笑，那么多的约会，没有一个与你有关，唯有裹紧大衣快步归家，躲进高层小公寓，捧着电脑电视机打发掉无聊夜晚。非我矫情，这种孤独感来得异常生猛，需要消化与吞咽，我不知道乐观的人如何免疫这种孤独，又需要多么强大的心理承受能力呢？

我想寂寞的人并非我一个，大都市高层公寓小房间里的住客，大半是如我这般独居的年轻人，整栋楼犹如一个巨大的格子间，每个格子住进一个人，试想把楼房剖开，人们都在做什么？十之八九都会如我，一个人的电影，一个人的泡面，一个人的零食，一个人的被窝……这是现代人的生活方式，玻璃缸里的热带鱼一般的，沉默且缓慢地游动。不管夜

多长，失眠到几点，次日照例从闹钟声里蹦起来，冲刺一般化妆、吃早餐、耳后喷香水、遮掉你的黑眼圈，收拾出一个衣冠楚楚的光鲜外表，走进拥挤沉默的电梯，奔进公司，在会议、策划案、电话的琐事中过完一个白天。如此又是一个夜，夜一来，灯光照耀你的脸，天天都是单口相声，包袱太苍白，自己都逗不乐，如何调笑生活？

可不可以活得有趣一点呢？又如何抵抗孤独？我在沉默中发出低低的呜咽。如果你非派对动物，厌倦酒吧暧昧，乏味了商场血拼，那些真是劳民伤财的消磨方式。那么我们做饭如何？厨房真是个好地方，盘盘碗碗，斩斩剁剁，翠绿葱花在热油中发出令人欢愉的嗞嗞声，于是整个房间会热闹起来。用一道荷塘小炒补足工作餐中匮乏的植物纤维，用一碗竹笋鸡汤温暖你的肠胃，或在周末闲暇，用捏泥巴的童心烘焙一盘燕麦核桃小点，放进烤箱，捧一杯茶倒数十分钟，一阵浓香入鼻，趁热入口，酥松甜美。如此，真可算无趣生活里的一件乐事了。

很喜欢陕西的油泼面，特别是在灰暗的阴雨天来上一碗，又辣又烫地窜进唇舌之间，咬断扎实的面条收进饥饿的胃袋，酣畅地出一层细汗，内心顿时放晴。这种秦汉时代称为"汤饼"的面食，带着一种原始的野意。调进一些碧绿的菠菜汁，顿时又婉约起来，"心有猛虎，细嗅蔷薇"，紧张地扯出一碗"翡翠"，再嗞啦啦浇上滚烫的油泼辣子，正是这样的心情。

◆◆◆◆◆◆◆◆◆◆◆◆◆◆◆◆　翡翠油泼面　◆◆◆◆◆◆◆◆◆◆◆◆◆◆◆◆

用到的食材：

面粉 200 克、菠菜 100 克、鸡蛋 1 个、胡萝卜 1/2 根、蒜粒少许

用到的调料：

辣椒粉 2 大勺、花椒粉 1/2 勺、五香粉 1/2 勺、盐少许、生抽适量、陈醋适量、植物油适量

做　法：

1. 菠菜洗净，用榨汁机榨出菜汁。

2. 温开水化开少许盐，加入菠菜汁中混合，倒入面粉中，再磕入一枚鸡蛋。

3. 用橡皮刮刀快速搅拌成棉絮状。

4. 反复揉成光滑的绿色面团，盖上保鲜膜或者湿布饧 2 小时。

5. 饧好的面团用擀面杖擀成厚片。

6. 用刀切成 3 厘米宽的条，每条面抹上植物油，用保鲜膜盖住，饧 1 小时。

7. 锅内烧开水，用手将面压平，再捏住面两端将面抻长，面的厚度与宽度随自己喜好而定。

8. 将扯好的面迅速下入沸水锅中，水再次煮沸后即可把面捞出，如面比较厚需要多煮一会儿。

9. 将辣椒粉、花椒粉、五香粉、蒜粒、切好的胡萝卜丝撒在盛面的阔口碗中。再倒入适量生抽、陈醋调味。

10. 一大勺热油烧至八成热分次泼在面上，吃时搅拌均匀即可。

```
锦食堂小贴士
```

1. 可随个人喜好加入面码，如烫熟的白菜、紫甘蓝丝、豆芽菜等。

2. 自己抻面比较耗时，也可用买来的鲜切面制作。

10. 开洋葱油拌面——一蔬一饭，简单生活

还记得"下厨房"的小猪同学问我："'锦。食堂'这个博客名字有什么特别的含义吗？"我说："没有啊，只是想要一种亲切平实的感觉，所以就取了这个名字。"直到我看了电影《海鸥食堂》，幸惠说："我要开的不是餐馆，是食堂，更加切近人的，路过门口时只是顺便进来吃个饭……"这个执拗的小仙女把我的梦想在电影里实现，看这部片子很多时候陷入恍惚，总觉得自己就是那个在炉灶前切切煮煮的姑娘，而这个食堂，真是和我想象中的场景别无二致啊！

一直在和朋友们说，如果以后有机会，我要开一家充满

人情味儿的小店，可以是书店、咖啡馆、杂货店、西饼屋、小酒馆，等等，面积不必很大，但一定要明亮，阳光洒进来把碗碗盏盏照亮，朴实的地砖、原木桌椅、绿色植物，脚下一两只懒洋洋的大猫，走进来的都是相熟的客人，提供简单新鲜的食物，叙叙家常、聊聊八卦，日头东升西落，如此一天就要过去，梦也该是安稳的。

　　记忆中是有过这样一家店的，大学时代孙先生家楼下的小面馆，老板娘是个丰满热情的女人，殷勤地招待、麻利地收账，我们叫她大姐，她总是爽朗地应着。下午人少，她爱和小伙计玩笔仙的游戏，嘴里念念有词："笔仙笔仙，你说店里现在有几位客人呢？哦，两位啊，你说对了呢！"说到这里，我忍不住噗嗤笑出声，于是整个店里都是暖洋洋的，充满着食物香气与浓浓的情意。

　　都是和幸惠、小绿、正子一样天真而坚韧的女子，不冷漠、不迎合，这种坚持，无比奢侈。小绿问幸惠："如果明天是世界末日，你会做什么？"幸惠说："吃很多好吃的，叫上最好的朋友一起。"一蔬一饭，简单生活，这就是我们每个人心里的海鸥食堂。

　　据说鉴定一家江浙菜馆是否正宗，就去点一客葱油拌面，面做得好，其他菜大抵也不会太差。作为一个北方人，不敢确定自己做得是否正宗，但始终觉得面这种食物，总是自家出品才是最好吃，胃口差的时候来一碗葱油拌面，浓郁的葱香和开洋的鲜味立刻把肠胃唤醒，对于一个胖子来说，也不知是好事还是坏事。

开洋葱油拌面

用到的食材：

香葱30克、大葱30克、洋葱30克（首选红葱头）、小虾干适量、鲜切面2人份

用到的调料：

八角1颗、花椒30粒、生抽2勺、老抽1勺、糖1勺、黄酒适量、植物油适量

做　法：

1. 大葱用刀面拍一下，与香葱切2厘米左右的段，洋葱切同样大小的块，小虾干剥皮用黄酒泡开。

2. 锅内放量可浸没葱类食材的植物油，油热后倒入八角、花椒、洋葱煸香。

3. 然后加入大葱、香葱，小火慢慢熬制15分钟，直到所有葱类食材慢慢熬成深褐色，葱油就熬好了。

4. 将熬好的葱油倒入碗中保存。

5. 鲜切面煮熟后冲凉开水沥干，盛入盘中。

6. 锅内放4勺葱油，下虾干煸香，再加生抽、老抽、糖、一点清水混合成酱汁。

7. 将酱汁倒入面中，加少许香葱末点缀即成。

锦食堂小贴士

1. 如想要更浓郁的口感，可在步骤 6 中加入少许猪油和葱油混合。

2. 熬好的葱油一次吃不完可放凉放入玻璃瓶中封存，随吃随取。

líng shí

零食

Anytime

1. 泡面南瓜球——泡面罗曼史

她推着购物车在超市货架前踟蹰，忽然弯腰抓起几袋东西扔进车中，奔到收银台，把这几袋东西一股脑儿和其他物品堆在一起，结账后迅速离开。她拎着塑料袋走路的脚步忽然变得轻快，甚至可以看出那么点雀跃的心情。回到家关灯开电脑，找出最新一季的《生活大爆炸》，抓出塑料袋里的东西捏得咔嚓作响，仰起下巴把袋子里的东西倒进口中，鼓胀的口腔发出咔嚓咔嚓的声响，谢耳朵一出现她就忍不住笑，嘴巴里差点有东西喷出来。他听到这声音迅速靠拢过来，问："你在吃什么？"她笑而不语，正得意之际手中袋子被抢走。两秒钟之后是一句万分幽怨的"还我的小浣熊！"

"小浣熊"，那是小孩子吃的东西吧？它被一个年纪奔三的大龄熟女遮遮掩掩地买回家，又和同样奔三的大叔抢食，还有比这个画面更丢脸的吗？的确，对于这位妇女来说，在超市买这种属于小孩子的方便面比在超市买安全套更尴尬更惊心动魄。这位妇女是我，呵呵。

如果说 20 世纪 60 年代的童年零食是街边的转炉爆米花，70 年代是一角钱的奶油冰棍，那么 80 年代的童年零食非方便面莫属。那些把方便面隔着袋子捏碎的清脆的咔嚓声，浸泡在 80 后的童年里，又动人又忧伤。那时的教室爱恋又是怎样的？是同桌的你借我的半块橡皮吗？是不小心触碰在一起的胳膊肘吗？我所记得的版本是小男生往心仪的女生书桌里塞满方便面，忐忑地回到座位上，等待她发现后转头一个惊讶的眼神。当所有初恋的小细节被淡忘，我记得的只有方便面，以及那些清脆的"咔嚓咔嚓"。那位女生是我，呵呵。

那真是属于我的方便面罗曼史吗？一定有人说方便面又叫速食面、泡面，哪里能和罗曼史沾上一星半点儿？纵然有，也是速食爱情，一杯热开水加等待三分钟的热情，花哨的塑料包装打开后匪夷所思地找不到一块牛肉。冲泡后有满室飘香的杀伤力，实则滋味寡淡平庸。方便面，只能是一场华丽的谎言。

可方便面对我来说真是一种没有苦难感的美好食物，是记忆中妈妈煮给我的活力早餐，是加班的夜晚迅速饱腹的温暖夜宵，是童年的零食，成年后的怀旧。甚至连他那句"少吃点方便面"的叮嘱也变得无比温情起来。我对这种食物的痴情，好像对少年时的爱恋一样，真心可鉴。

方便面被认为是日本 20 世纪最重要的发明，卡拉 OK 次之。自日清食品公司创始人藤百福售出了全球第一袋方便面——袋装鸡汤拉面开始，此种食品风靡全球。2010 年的全球方便面年消费量统计，中国居首位，其次是印尼、日本、越南、美国、韩国。我所吃过的方便面品牌里最爱的是幼时常吃的寿桃牌鲜辣面、日清公司出品的出前一丁鸡蓉味方便面，以及韩国的农心牌辛拉面。特别是韩国产的农心牌辛拉面，百吃不厌。疯狂一点的吃法是在煮熟的辛拉面上盖一片全脂芝士，面的热气缓缓把芝士融掉，香浓的口感总是能让人自动屏蔽掉爆肥的危机。有位孕妇曾经常在夜里这么疯狂地偷吃。那位孕妇是我，呵呵。

提起辛拉面，韩国人对它的热爱近乎疯狂，方便面在他们眼中，不是简单的果腹食品，而是真心热爱的美食，甚至可以成为街边人气小吃。我在韩餐馆中就吃过泡面炒年糕，是非常认真的当作一道菜出现在菜单上的。据说韩国还有方便面专门店以及方便面专用煮锅。韩剧里的男女会在午夜时分呼啦啦地吃着盛在锅盖上的方便面，或者两个人在野外一起煮锅方便面吃，竟也成了浪漫约会的经典桥段。

抛开油炸、高热量、无营养、塑化剂这些负面信息，如果有人记得往你的方便面里加一枚水煮蛋，烫几片青菜叶子，也足够幸福。有人能接受卸妆的你像平静接受拆开没有肉块的方便面袋子一样，已是足够幸运。很多年后，我依然记得我们找各种理由不回家吃饭留在学校一起吃方便面的日子，那真是属于我们的方便面罗曼史。

一直很想写一篇有关方便面的文章，也一直想用方便面做些好玩的吃食。就用它做些零食吧！我用了只有调味包的那种简单方便面，为了配合方便面的屌丝气质，特意搭配了塑封火腿肠。炸好的泡面南瓜球，外酥脆，内绵软，本是做着玩的心态，却出乎意外的好吃。可作为佐酒以及电影的小食，周末有空可以在家试着做做玩。

泡面南瓜球

用到的食材：

方便面 1 包、南瓜 1/3 个、火腿肠 1 根、香葱少许、虾米少许

用到的调料：

植物油适量

做　法：

1. 南瓜切 2 厘米的块，火腿肠切细丁，香葱切碎。

2. 南瓜放入大碗中，入微波炉高火转 5 分钟，如没熟透继续转 2 分钟，取出加少量水，用铁勺子压成泥。

3. 南瓜泥内加入火腿丁、葱碎、虾米，再倒入适量方便面调料粉拌匀。

4. 把搅拌好的南瓜泥用手团成山楂大小的圆球。

5. 方便面隔着袋子用擀面杖碾碎，倒在大碗中，把南瓜球放入其中滚一圈。

6. 稍做整理成型。

7. 在小奶锅内放少半锅植物油，待油温六成热时把料理好的南瓜球入锅炸至金黄，捞出即可。

2 ● 奶香玉米——忧伤的大码食品

母亲宴客，按惯例要做几样炖菜，清早起来忙忙碌碌炖上几大锅，排骨、牛肉、酸菜之类，锅锅分量十足，颇显东北人的豪爽。所以每次家宴的后果是，接下来的一周都在吃这几大锅剩菜，剩牛肉吃烦再加萝卜同煮，还吃不完再下粉条，周而复始，恶性循环。每经历一场胆战心惊的超大分量家宴后我都会皱眉问她："为何要做这么多？"她说："因为总是怕客人不够吃，要知道，不够吃比剩太多要尴尬得多，做的够分量才显得有诚意呀！"

成年后，也爱做菜招待朋友来吃，儿时惨痛的家宴记忆还在脑海中翻腾，少量、多样、丰富成了我这位80后新厨娘的待客法则，不过焖米饭的时候总是想着人头儿迷迷糊糊焖上一大锅，客人走后通常剩下百分之九十。于是开始有一个男人抱怨："为何餐餐都吃炒剩饭？"厨娘一时语塞，只好说出那熟烂的台词："因为怕客人不够吃，要知道，不够吃比剩太多要尴尬得多，够分量才显得有诚意呀！"说罢内心一颤，原来做大分量的"基因"也在我身上打了同样的烙印！于是也开始懂得母亲的尴尬，做大分量不仅可以满足供应，也是种心理安全感，对于一个缺乏安全感的女人，那种在自家厨房守着一大锅白饭的安心，不知有多少人会懂得？

　　缺乏安全感的后果是，你会在超市购物车里装进2升的洗衣液、1升的消毒水、三联包的香皂、800毫升的沐浴液、750毫升的洗发水，最后还要拎上20卷装的卫生纸回家。而心情烦闷时，会在电影院选最大包装的爆米花，像只田鼠一样从电影开始嗑到结束，纵然是喜剧也嗑得泪流满面……其实有很多人希望从大分量食品中找寻安全感与归属感，充实、丰厚、饱满、够包容、无限制。好像是回家吃饭，即使多长了5公斤肥肉还是有人觉得你应该多吃一些。于是170克的大包装薯片、2升的可乐、纸箱包装的饼干等超大装食品开始花哨地在超市货架上堆得仓满谷满，况且还有商家"加量不加价""买一赠一""家庭特大特惠装"字样的蛊惑，让人把它们关进冰箱后，才觉"实惠又安全"。

　　为满足这种心理需求，商家也以此为噱头推出"大码美食"，不仅有加了双层牛肉搭配酸黄瓜、芝士、洋葱、生菜的巨无霸汉堡，还有号称用盆来盛炖鸡的东北菜馆，日本也有很多大分量日本料理，堆得像小山一样的咖喱饭、层层堆高的肉排、故意盛得汤汁满溢的拉面，在视觉上制造超大Size，据说吃不完还要加价。在物价飞涨、人们生存安全感极度缺失的今天，大分量的实惠可缓解生存恐惧，大尺寸的包装也在一定程度上为疲惫的身心减压。于是大码食品被不知不觉塞进胃囊，身材顺势爆肥几个尺码，需要在大码服装店挑选XL、XXL来配套。

　　所以有研究证实：人们在餐馆吃饭时，盘子里的食物越多，食客们的食量也就越大。25％的人承认，买来食物的分量大小决定了他们要吃多少东西。67％的人承认，他们在餐馆就餐时，总是把盘子里所有的东西都吃光……

　　当你吃掉盘子中堆积如山的食物，短暂的唇齿欢愉过后，会抚着鼓胀的胃感到沮丧，拼了命地消化。就像很多负担过重的情感，过度需索终要归还，有多少人贪婪地下了最大码的赌注，穷奢极欲，最后输得心惊？

　　七八月新鲜玉米上市，真是吃玉米的好时节。作为一个玉米控，更是变着法儿吃鲜嫩的玉米。玉米不仅美味，而且粗纤维多、饱腹感强，是理想的减肥食品，深得"大码人士"的喜爱。今天跟大家分享一个简单美味的玉米吃法——奶香黄油玉米。选甜嫩的水果玉米搭配牛奶和黄油，口味不输某K字头快餐店，家庭制作成本也很低。

奶香玉米

用到的食材：
熟水果玉米1根、牛奶1袋、黄油20克
做　法：
1. 牛奶用小奶锅煮至轻微沸腾。
2. 熟水果玉米用刀平均切3小段。
3. 放入奶锅中小火煮10分钟，关火泡5分钟。

4. 煮好的玉米插上竹扦趁热涂抹上黄油，黄油遇热会融化在玉米上。

5. 微波炉高火转 3 分钟取出即可。

┌─────────────────────┐
　　锦食堂小贴士
└─────────────────────┘

玉米需选好品质的甜玉米（水果玉米）。

3 ● 烤薯条——油炸青春

一缕阳光敲打眼皮，他缓慢睁开眼，从黏稠的睡眠里把自己捞起来，顺手摸出枕头下的手机，2012 年 7 月 22 日，11 点 30 分。四脚朝天仰望天花板作彻底放空状，十分钟后用手揉了揉僵硬的脸，啊？他露出厌恶的表情，又是满手油！他起床拿起电脑旁的啤酒罐连同浸满烟头的饮料瓶一起扔进垃圾桶，清理掉桌子上的零食袋子，擦去炸薯片的油渍。又抓起有碎头发的枕巾，连同袜子、内衣一起丢进洗衣机，倒两瓶盖消毒水、一瓶盖洗衣液，启动，轰隆隆隆。他赤裸上身把胳膊撑在洗脸池边，脸凑近镜子，又多了三颗痘，鼻翼、下巴、脸颊，发红、鼓胀，轻轻一碰有点疼，啊？怎么又是一手油？头发上也似乎被油脂浸透，这才是一夜而已呀！每天都是这样！他在心里嘀咕。于是他快速跳进淋浴间，把身体用泡沫从头到脚涂满，花洒开到最大，冲干净后甩甩头发，套上一件旧 T 恤走出门去。

又是明晃晃的一天，中午的知了狂叫，鸟儿吵得心烦，树是盛夏那种深浓的绿，每片叶子都油亮发光，柏油马路在高温的直射下开始变软。他站在大太阳底下深吸一口气，心里想：真是热到空气都是凝固的！啊！一瞬间仿佛被太阳击中，顿时汗水从额头滴下来，感觉油脂又从每个青春痘、每个发根、每个毛孔中冒出来，真讨厌这样的感觉！可这样依旧不妨碍食欲，肚子很饿，他捧着瘪瘪的胃袋钻进 K 字头快餐店。

"你好，一个汉堡、一份薯条、一对鸡翅、一杯可乐！"薯条的纸袋拿在手里还有些烫手，抓起一根放进嘴里，舌尖被炸薯条的浓香味俘虏，虽然很烫，但还是忍不住一根接一根吃下去。满大堂都是吃油炸食品的人们，胖子、瘦子、小孩子，每个人都很快乐的样子，每个人的口腔里都发出清脆的"咔嚓咔嚓"……消灭掉所有油炸食物后，喉咙窜出一个碳酸饮料引发的饱嗝。此刻胃很充实，之前的闷热不见了，油被吸油纸吸干，整个身体有种暖暖的能量，吃油炸食品从来都是这么治愈啊！他在心里想着，把油皮肤、油头发的烦恼都抛远，管它呢！

他离开快餐店掏出背包里的报纸，找出招聘专版，边走边看，资深、总监、工作经验三年以上等字眼跳进眼帘，他叹一口气。毕业半年了，揣着文凭当起北漂一族，投了很多封石沉大海的简历，见识过很多光怪陆离的面试，父母花了巨额教育经费，却不得不接受少得可怜的薪水。继续把视线锁在报纸上，每个黑色字体好像飘起来，在热空气里啪啪融掉，灰飞烟灭了……路边的炸油条摊发出嗞嗞的声响，万年陈油发出腐败的气味，他觉得恶心，拿着报纸迅速离开，找了个无人的石阶坐下来，帆布鞋摩擦着小石子看宽阔马路上车来车往，真是个漫无目的的夏天啊。忽然电话响起，"工作找得如何？"电话那头女孩子的声音是脆脆的。"不理想……"接下来是五秒钟的沉默，"来我家吧，给你做炸猪排如何？"炸猪排！三个字瞬间让他回魂，用轻快的声音说："好！"

　　若干年后，他扎起领带在冷气充足的餐厅里啃一客糯米蒸排骨，皮肤干净，头发清爽，端起茶杯悠哉地看财经新闻。忽然，他抬起头看见对面 K 字头快餐店门前，球鞋双肩包的年轻男孩正恶作剧地把女孩子推进门中。他捏了捏口袋里给未婚妻的求婚戒指，忽然嘴角上扬，心里想：当年给我炸猪排的女孩子，她在哪儿呢？

　　抛却不健康的因素，油炸食品真是从身到心彻底治愈的美食啊。如果你过了吃油炸食品无负担的年纪，或者是想过过嘴瘾又不想增加过多热量的减肥人士，可以试试这款相对健康少油的烤薯条，虽然没有炸薯条酥脆浓香，但外脆内软，口感新鲜，用夏天新上市的黄心土豆来做尤其合适，待世界杯、奥运会开幕，薯条啤酒走起来！

烤薯条

用到的食材：

土豆 2 个

用到的调料：

盐适量、黑胡椒粉适量、糖适量、橄榄油适量

做　法：

1. 土豆去皮纵向切厚度 1 厘米的大厚片，再把厚片改刀成宽度 1 厘米的粗条，用水冲去表面淀粉，用厨房纸巾逐一擦干备用。

2. 烤盘内铺锡纸刷上一层橄榄油。

3. 把薯条码到锡纸上。

4. 用锡纸包好。烤箱上下火 220℃烤 20 分钟，直到薯条快熟透为止（温度与时间根据自家烤箱温度与食材多少设定）。

5. 打开锡纸包，把薯条逐个平铺，刷一层橄榄油，撒上少量盐、糖、黑胡椒粉。

6. 开风挡上下火 220℃烤 10 分钟，中间翻一次面，直到薯条表面金黄微焦取出。

4. 话梅苦瓜——小吃客养成记

最近在读邵宛澍的《下厨记》，一本纯文字的美食随笔。每篇标题是一道菜名，从头到尾都在说这一道菜，从选材说到刀工，从火候讲到调味，事无巨细地用文字罗列起来，中间穿插一些历史典故或饮食科普，却始终小心踱着步子，一步不曾脱离菜品本身。如此写一道菜，可洋洋洒洒说上几千字。初看觉得琐碎，明明用几十到几百字就可讲明白的菜谱，偏偏絮絮叨叨长篇累牍，后来发现作者竟是男人，有点震惊。不过读着读着却意外地看进去了，甚至有点沉迷，从头到尾，没有省略、没有快进，一字字读到完结篇，收获颇多。

相比其他老饕天马行空的美食随笔，《下厨记》从介绍菜品到文字，都显得朴实、严谨、中规中矩。作者的烹饪手艺属于家传，字字都是扎扎实实的经验，因此"唠叨"格外多，能够毫无私心地把看家本事码成字以飨世人，即使是平凡的家常小菜，也让人感动。

若不是把一道菜做精做透，哪会有这些"传家的唠叨"可写？从外婆的殷殷教导到口耳相传的妈妈美食经，祖祖辈辈累积只为烧出一道好菜，这一道菜恐怕要做上成百上千遍，熟能生巧，巧中生花，才可能有如此絮叨的底气吧。也只有世世代代都懂吃的人，才会培养出如此精致的味觉吧。就像张爱玲在书中写：幼时在家喝一碗鸡汤，第一口就觉得有药味，于是罢喝。家人均未觉有异，后来才清楚家里养的鸡误吃了药草，用这只鸡来煲汤自然产生了微妙的药味。天！这都吃得出来。常形容人的洞察力是"千里眼""顺风耳"，这种家族培养出来的口味刁钻的吃客，自然有一条能辨五味的"玲珑舌"。

看到这些让我这个80后厨娘着实眼热。粗糙如我家，一个擅长做"野兽派"料理的老爸，一个深得黑暗料理精髓的老妈，自然不会培养出一个口味精到的小吃客。如此，有一个强悍不锈钢胃和来者不拒、铁齿铜牙的女超人横空出世，才显得顺理成章。我记忆中的场景是这种："妈，今天午饭吃什么？""炸薯条。""太好了！还有什么吗？""没有了。"没有了？只有炸、薯、条？！那时还算年轻的徐女士，扎着围裙在厨房守着一个滚烫的油锅哼着轻快的歌炸薯条，炸完一盘又一盘，炸完一盘又一盘，炸完一盘又一盘！前一秒还看似温馨的飘着油香的厨房煮食图，镜头往下拉，后一秒就被满盘满碗的炸薯条雷得外焦里嫩。一个午餐只有炸薯条吃的女中学生，吃啊吃啊，吃得涕泪纵横，最后跑去卫生间，吐了……

一个在悲惨饮食经历中成长起来的女子，在成年后却意外地（或者也可以说成是被迫的？）成为了一名狂热的厨房爱好者。没有家传的熏陶，也没有那种泛黄的祖辈流传下来的手写食经，一切后天自学成才。我的食谱来自网络，美食博客是最好的学厨参考，那些巧手厨娘烹调出来的创意料理，总能给人很多启发，而且图文并茂，直观易学。一直到后来，我竟也无耻地开了一个美食博客，记录些简单的家常小菜分享与人，居然也有新手小厨娘来买账，像模像样地学起来。每当微博上有女孩子按照我博客中的食谱学了菜@我，不论是赞美还是抱怨，总有那么点小小的成就感。

原来与人分享厨房经验是那么快乐，快乐到让人沉溺。我多想在炒锅与饭勺中学得一身"武林绝学"，用一道道美味把男人培养成刁钻的吃客，给婚姻加个"保险杠"。或者将来扎起围裙口吐莲花地教女儿下厨，培养出精致的胃口，这样才不会被哪个男孩的一包炸薯条唬了去。

话梅苦瓜，口味清淡的小菜，适合炎夏没胃口的人们。苦瓜的好处自不必多说，但味道太苦，用话梅渍苦瓜，酸甜爽脆一丝苦味也无。我用了云南特产洱宝甜话梅来做这道菜，酸甜度很合适，大型超市应该都可以找得到。

◆◆◆◆◆◆◆◆◆◆◆◆◆◆ **话梅苦瓜** ◆◆◆◆◆◆◆◆◆◆◆◆◆◆

用到的食材：

苦瓜 2 根、甜话梅 12 颗

做　法：

1. 小锅内放甜话梅加三倍水大火煮开转小火。

2. 煮到锅内水降至1/3，熬成黏稠的话梅汁。

3. 将话梅汁入冰箱冷藏备用。

4. 苦瓜洗净纵向剖开，用钢勺挖去内瓤，再切薄片。

5. 切好的苦瓜入滚水中焯1分钟捞出。

6. 放在有冰块的冰水内镇凉。

7. 冰镇后的苦瓜捞出沥水，倒入放凉的话梅汁即可食用。如喜欢更甜的味道可放入冰箱冷藏2小时以上。

5 ● 醋渍生花生——我敢陪你吃生

"能不能，陪我吃生的皮皮虾？"我看了看面前浸在酱色调味汁中的灰色甲壳生物，混沌的一盆，上面漂着零星香菜末，倒抽一口凉气，脑子里却发出挑衅的信号。"好，我试试！"从盆中捞出一只来，依照朋友的示范剥去外壳，只留下一条完整的灰白色透明肉身，扔进嘴里。喔？是凉凉的，又鲜又腥的味道，虽无惊喜，也不算恐怖。

"能不能，陪我吃生的海胆？"我面前是盛在小块木板上的橘黄色瓣状物体，心里开始打鼓，看起来太鲜艳！不像平常模样朴素的食材，但还是回答："好，我试试！"用筷子夹起一瓣放入口中，咦？有点像榴莲，滑腻中带点甜，这口感让人不安，吃多了会怎样？

"能不能，陪我吃点生的生蚝？"我面前是一堆丑陋的灰黑色贝壳，每个壳中盛放着一团鼻涕般的东西，真丑，一点食欲都无。但还是硬着头皮回答："好，我试试！"挤了点柠檬汁在贝壳中，弄一块入口，绵软的肉体在舌尖打转，竟有丝丝的甜味在味蕾绽放开来，好像舌吻！真性感。

"能不能，陪我吃生的……""好！我陪你吃！"之前的生食体验已经完全把我培养成了生食控，等不及旁人说完，早已迫不及待雀跃起来。结束了吃蛋要吃十分熟的婴儿时期，告别了规规矩矩吃妈妈煮的菜的少年时代，成年人的饮食方式是不被任何东西所束缚的，想吃什么就吃什么，没人管你这一天是否吃了高蛋白或者有没有吃足量的青菜叶子，自己才是肠胃的主人。特别是大着胆子生食，真是刺激的成年人的游戏！

告别了茹毛饮血、生吞活剥的原始社会，文明人的饮食生活里处处飘着煎炒烹炸的浓香，不知从哪一天开始，餐馆里又开始摆出可以生吃的东西了。这些食材通常摆盘精致，或者直接放在堆起的冰块上，四周散发着干冰制造的"仙气"，更有厨师不惜做雕龙画凤的大型盘饰，隆重感十足。它们的背后是与"速度""刀工""低温保鲜"等专业术语联系在一起的，也许你盘子里的那份刺身，十几个小时前还是深海中畅游的一尾鱼，十几个小时后的境遇却成了高档餐馆中的金贵食材，供食客大快朵颐满足口腹之欲，而卖家更是赚得盆满钵满，命运真是无常。

　　当然，人类作为食物链最终端的一环，大多数没有素食者的慈悲心肠，既然是食物，吃掉你本来无可厚非，难不成要饿死？对于一盘橙白相间散发着明亮光泽的三文鱼来说，生食，也许是自私的人类对它的最大尊重，毕竟少了一番油炸火烤的煎熬。

　　生食，有多鲜美就有多危险，甜美的背后总藏着细菌、寄生虫们的阴谋，可总有老饕趋之若鹜，甚至不惜生命的代价。日本一位高龄老人几十年嗜河豚刺身如命，后来竟大胆到自己买来剖开吃，当场毙命。韩国首尔一位女子在吃半熟的鱿鱼时突然感觉嘴里有强烈的刺痛和异物感，于是立即前往医院。医生发现，是未死透的鱿鱼将 12 个"精包"射进了她的口腔，造成舌头和口腔内壁黏膜损伤，好恶心。

　　当然，我们也可以做一个安全的生食者，你可以大口咬下一颗盐水泡过的生番茄，以体会酸甜的汁水在牙齿间乱窜的快乐。你也可以感受吃掉一整盆艳丽的蔬菜沙拉后身体零负担的轻盈感，在尽可能消除农药的隐患后安心地享受生鲜食材的味美，以及完整的、不被破坏的营养素。虽然并不是所有食材都适合生吃，但对于一个喜欢猎奇的吃货来说，偶尔吃一次生鱼片又何妨？那真是一场刺激的味觉狂欢呀！

　　今天我们也来做道相对安全的生食——醋渍生花生。在餐馆里常见的一道菜，很爱那嚼起来咯吱咯吱的口感，味道清甜，非常爽脆，完全不像在吃花生，没有吃高热量的负罪感，生花生与陈醋搭配在一起又是新奇的体验，家庭制作极其简单。花生虽是营养全面的食材，但富含油脂，适量最好。

醋渍生花生

用到的食材：

花生 150 克、香菜 1 小把、蒜 2 瓣、干辣椒少量

用到的调料：

陈醋 1/2 碗、蚝油 1 汤匙、糖 1 汤匙、生抽 1 汤匙、盐少量

做　法：

1. 花生洗净，在加少量盐的凉开水中浸泡一夜，直到泡得涨大为好。

2. 剥去花生皮备用。

3. 蒜切细粒，香菜洗净切碎。

4. 取一只饭碗，倒入半碗陈醋，加入蒜粒、蚝油、生抽、糖、盐拌匀。

5. 将调好的调料汁倒入花生中，浸泡片刻就可以吃了。

6. 吃时可撒香菜末，喜欢辣的可加干辣椒，一次吃不完存冰箱冷藏。

6. 梅干菜烧饼——美味异地恋

晚上出门闲逛，一个小招牌在夜色中闪烁，迟疑着走进去，确定后内心狂喜。这不是时下风靡的某品牌鸭货店吗？此物人气高涨，且外地无分店。可能是网络营销做得到位，微博上屡屡见人说如何美味云云，引得我等吃货隔着一张互联网，口水咽了一遍又一遍。此物被几个胆大的小伙子以平价在当地购得，装冰袋空运，且保质期只有 5 天，坐地起价，虽然有点不厚道，但能够在家附近买到异地美食，简直像一场艳遇。回来跟朋友炫耀，朋友说网店里比比皆是，生鲜地方特产当日下单第二天清早就可快递至手中，想吃什么只需要等上几个小时而已。

打开淘宝地方特产页面，顿时惊为天人，可以网购的特产从中国遍布世界，单中国的特产食品就分为湖北馆、新疆馆、浙江馆、湖南馆、四川馆、福建馆、东北馆、云南馆，不仅有东北的秋林红肠、延边冷面、吉林鹿茸，还有武汉的热干面、新疆的哈密瓜、福建铁观音、云腿月饼、嘉兴粽子、舟山鱿鱼丝、萧山萝卜干，等等，林林总总、蔚为大观。据说连上海的小杨生煎都有淘宝代购店，由此想来中国人真是为吃费尽心机，在中国做一个吃货是何等幸福。

　　我从未在网上买过地方特产，严格讲算不得合格吃货，我所做的最吃货的事迹就是春天去几个江南小镇，专门花一周时间吃些北方没有的、新鲜又接地气的时效美味。就像《红楼梦》第三十九回，刘姥姥二进荣国府，带着"枣子倭瓜并些野菜""是头一起摘下来的，并没敢卖呢，留着尖儿，孝敬姑奶奶姑娘们尝尝。姑娘们天天山珍海味的也吃腻了，这个吃个野意儿……"

　　在东北还一片萧瑟的时候下江南，火车上一夜醒来眼前从荒芜变嫩绿，杨柳是嫩黄的，水塘里小荷叶被风吹得颤巍巍，一颗颗晶莹水滴纷纷掉落，这江南好时节只一眼，瞬间治愈，就不辜负整夜的车马劳顿。在这样的好时候选个古镇住下来，一定要住在民宿里，每天睡到自然醒，在青石板的老街上吃一碗热腾腾的荠菜馄饨，中午可选个临水的小馆子点上油爆河虾、香干炒马兰头、油焖春笋、馄饨老鸭煲，优哉游哉吃到下午，再找个老茶铺点一壶新茶边喝边聊，困了咪上一觉，醒来天黑，就回民宿请老板炒几个拿手小菜配一碟酱鸭，再烫壶陈年黄酒，守着水边的大月亮吃得醉生梦死。虽只是些乡野吃食，却带着新鲜的灵气，一连吃上七天都吃不厌，不拍照、少看景，窝在古镇里，吃得昏天黑地，临走还得拎上大包小包的地方特产才算甘心。如此可相思上一年，眼巴巴盼到来年春天，再"牛郎织女鹊桥相会"，真可谓美食异地恋啊！当我还为自己的小聪明沾沾自喜时，吃货与美食达人们只需轻点鼠标就可完成，相比我这般大费周章，简直是愚钝了。

古代通信远没有今日发达，丈夫进京赶考，妻子在家死守，一点信息也无，甚至一等就等上几年，从红颜等到白发，因此闺怨诗尤其多。即使可以"鸿雁传书""鱼传尺素"，大抵也要靠运气。杨玉环嘴馋几颗荔枝，也要辗转多个驿站换上数匹马，快马加鞭运送，在帝王之家已是奢侈之举，平民百姓若想品尝到万里之外的美食，简直痴人说梦。

异地恋是苦的，现今的美食异地恋却是甜的，大可以坐在家中等着，等着饱满多汁的"可人儿"被塑封、打包，拿到手里时还新鲜热辣，一解相思。

恋上异地美食，可以网购，可以买张机票飞过去吃，当然也可以自己在家中自制，虽然是照猫画虎，但足可以一解相思之苦。在南方常可以看见卖梅干菜烧饼的摊子，简单到只有梅干菜、猪油的烧饼在一个密闭的炉膛中烤到酥脆，拿到手里还是烫的，一口咬下香气四溢，爱煞干脆无油的饼皮，搭配梅干菜热热的浓香，味道古朴。用家中的烤箱来试做，猪油改成五花肉，口感也不逊色，制作简单，值得尝试。

梅干菜烧饼

用到的食材：

梅干菜 100 克、五花肉 100 克、香葱 50 克、中筋面粉

300 克、颗粒酵母 5 克、白芝麻少许

用到的调料：

糖、盐、香油各少许，植物油适量

做 法：

1. 梅干菜泡 15 分钟，淘洗几遍攥干水分，用刀剁细，五花肉洗净去皮剁成肉糜，香葱切碎。

2. 梅干菜、五花肉、香葱末置于大碗中，加香油、糖、少许的盐（梅干菜自身有咸度，盐要少放）搅拌均匀。

3. 中筋面粉和颗粒酵母倒入盆中。

4. 加少许温水搅拌成絮状，揉成光滑面团，水可根据面粉的干湿程度分几次加，揉好的面团饧 10 分钟。

5. 饧好的面团在面板上用手搓成粗条，用刀平均切成几个 50 克左右的小面团。

6. 每个面团按扁用擀面杖擀成直径 10 厘米的圆片。

7. 取一团梅干菜肉馅放置其中，用手扭住面皮合拢掌心，像包包子一样把面馅包起，收口，用手轻轻压扁，擀成薄饼，薄到隔着面皮能看见馅料为好，如果馅料漏出来也没关系。

8. 在擀好的饼皮上刷一层植物油，撒上少许白芝麻。

9. 烤箱上下火 220℃烤 15 分钟，直到饼边变脆、变黄即可出炉。

7 ● 香辣卤鸡脖——独食主义，一个人的餐桌

我觉得衡量一个女子是否成熟的标志之一就是肯不肯一个人吃饭，在女人们的萝莉时代，不管姿色如何，到底都是手捧玫瑰的公主，因为年轻，手里攥着大把青春，足够炫耀，足够让身边的男人趋之若鹜地陪你吃饭。总会有那么一个人站在树下等你下楼，由着你的性子点餐，包容地看你笑靥如花或是狼吞虎咽，然后为你的晚餐买单。所以我也曾经那么以为，一个人吃饭是件羞耻的事情。

过了 25 岁，很多事情在做减法，有自己的小原则，再不愿迁就与顺从，人亦变得倔强，对很多曾经热衷的事情兴趣寡淡，有时候期望独处，与其选择做一只夜夜笙歌的 Party 动物，莫不如一个人安静地把饭吃完。

我喜欢以女人的眼光观察女人，好似抚摩一件饱满的元青花，看它繁复的纹样，也看它素雅的器型。年轻女子明眸皓齿，矜持地用餐，在爱人面前眼睛笑得弯弯的，想来是刚刚交往的小情侣，生怕一个不文雅的举止给对方留下坏印象，人生最美如初见，真是美好。我也爱看一个人吃饭的女孩子，刚从公司下班，妆也有些花掉，一个人叫一份丰盛的晚餐，心满意足地埋头吃完，或是在餐后点一支烟，静默吸

完，拽拽地买单走人，又是一种特立独行的味道。

想起一部韩剧叫《吴达子的春天》，达子一个人生活，在租住的小公寓里胡吃海塞，看着碟片往嘴里塞拌饭，然后痛快地放一个屁。我至今记得这个片段，每每想起都会忍俊不禁呢！曾经问起远方一位女友的恋爱近况，她脱口而出："我似乎很享受我的单身生活。"听罢内心笃定，懂得一个人生活，懂得一个人吃饭，懂得一个人享受寂寞，这是一种宁缺毋滥的人生态度啊！

自从和孙先生过起周末情侣的两地生活，我也开始一个人吃饭，下班后炒个菜煲个汤，厨房里飘出来的水汽氤氲，让清冷的房间也暖起来，打开电视边看新闻边吃完，是一天里最为放松的一段时间。

所以单身的姐妹们，千万不要因为独自生活而委屈了自己，扔掉你的泡面与零食，爱惜地喂饱自己，取悦自己，让我们一个人吃饭也精彩！

H7N9 预警刚刚解除，我等吃货就迫不及待开始吃鸡了，相比流感风头正劲还在餐厅"顶风作案"的同志，我还是收敛得多。的确，如果生活里缺少了禽类的清鲜肥美，在猪牛羊的红肉世界里大快朵颐，无论怎样都少了几分情趣。吃香辣鸡脖，醉翁之意不在"肉"，而在于闲来无事啃啃吐吐的悠闲，自家慢火卤出来的，比某些卤味店更加放心健康。

香辣卤鸡脖

用到的食材：

鲜鸡脖子 500 克、姜 3 片、蒜 3 瓣

用到的调料：

生抽 5 勺，老抽 2 勺，干红辣椒 50 克，冰糖 50 克，料酒 2 勺，香叶、陈皮、桂皮、丁香、八角、花椒、肉蔻、小茴香各适量，植物油适量

做　法：

1. 炒锅内倒少许植物油，冷油中下蒜、姜、干红辣椒、冰糖、香叶、陈皮、桂皮、丁香、八角、花椒、小茴香、肉蔻，小火慢慢炒出香味。

2. 加足量的清水，再加生抽、老抽调味。大火烧开，转小火煮 30 分钟，卤汁就做好了。

3. 鲜鸡脖子洗净，在加料酒的清水中浸泡 20 分钟，捞出沥干水分。在卤汁中下鸡脖子煮 20 分钟。

4. 关火在卤汁中浸泡 4 小时以上，取出晾干。在熟食案板上斩大段后食用。

锦食堂小贴士

如果想味道更辣，可在鸡脖卤好晾干后再刷一层辣椒油晾干。

8 • 花生牛轧糖——剩蟹的春天

一个好吃的人，对美味的贪婪是永无止境的，我是个好吃女，开了美食博客以后更是明目张胆毫无羞耻之心地四处搜寻美味。每当被嗤笑为"馋丫头"时，我总是理直气壮地辩驳："馋，这是人之本能嘛！"

若问我最馋什么？我大抵会脱口而出："螃蟹！"想是生在内陆城市的原因，幼时食物品类匮乏，物以稀为贵，吃顿虾蟹海鲜是极美之事。彼时懵懵懂懂读《红楼梦》，最爱大观园品蟹作诗的章回，美景、美人、美馔，好一个美不胜收啊！

所以食蟹在我看来是心心念念的风雅之事，初来近海城市，看见小菜场竟有种类丰富的海鲜贩卖，且物美价廉，惊喜不已。买来上笼清蒸，配以姜醋与加了梅子的花雕，二人于桌前对食，便觉得人世快乐大抵如此。到了食蟹佳节，如今家乡海鲜行亦有大量螃蟹，竟也可日日饕餮，不亦乐乎。

年岁越长，越对食物抱有感恩之心，亦能懂得父辈对吃食的珍视。螃蟹是个执念于高潮的美味，必要鲜活，现蒸现食，昙花一现般的。如此隔了夜的冷螃蟹只能是明日黄花了，我对螃蟹有怜惜之心，隔夜螃蟹拆下蟹肉配以咸蛋黄米饭炒食，竟也美味非常。

　　说到"剩蟹"，让人联想起一个新兴词汇"剩女"（百度搜之：指已过适婚年龄仍未结婚的现代都市女性，她们绝大部分拥有高学历、高收入、高智商，长相也无可挑剔，因她们择偶要求比较高，导致在婚姻上得不到理想归宿，而变成"剩女"的大龄女青年）。对此说法，我颇为不屑，"剩蟹"与"剩女"皆为精华，越到最后越精彩啊！

　　只待遇见惺惺相惜的良人，定要摔琴谢知音了，于是"剩蟹"与"剩女"皆有春天，哈哈！

　　罕见的甜食瘾发作的下午，看到了花生牛轧糖的方子，又神奇地在零食柜找全材料，两个小时后端出的一碟甜食，毫不逊色市面上昂贵的手工牛轧糖，不禁大呼惊喜。取一颗入口，奶香四溢，美好得不像话。舍不得吃完，速速包好赠与闺蜜，心里窃喜，让那姑娘长胖去吧！

花生牛轧糖

用到的食材：
棉花糖 100 克、全脂奶粉 50 克、熟花生仁 50 克
做　法：
1. 熟花生仁装入保鲜袋，用擀面杖碾碎成粗颗粒状。
2. 棉花糖放入阔口大碗，用微波炉高火加热 1 分钟，此时棉花糖已经融化膨大。

3. 趁热在棉花糖中倒入奶粉和熟花生仁。

4. 用橡皮刮刀迅速搅拌。

5. 将拌好的食材放入保鲜盒内整理成长方形，冰箱冷冻2小时以上。

6. 取出牛轧糖，在面板上撒少量奶粉防止粘连，用刀切块即成。

┌──────────────┐
│ 锦食堂小贴士 │
└──────────────┘

1. 做牛轧糖时搅拌的动作要迅速，否则棉花糖会粘在碗底。

2. 做好的牛轧糖迅速食用，一次吃不完继续冷冻保存。

9 ● 蜜汁鹿肉脯——年的形式主义

年岁越长，春节之于我就越像一种味道，它不再是新衣裳，不再是压岁钱，而是某一个冬日的夜晚，车子驶入小区，弟弟忽然兴奋："你们闻见了吗？这味道好似过年！"蓦然间窜入鼻孔的清冷空气，混合着邻家煮饺子的香气，依稀混着鞭炮屑的烟火味儿，闭目深嗅，嗯，这就是年味儿啊！于是心也跟着雀跃起来，因为年又要近了。

现今过年不如旧日繁琐，奶奶家过年会在餐馆订两桌宴席，全家二十多口团聚吃一餐年饭。除夕之前，亲人们陆续赶回家，家长里短地聊上一通，我们关心的是嫂子生了个白胖的儿子，今年哪个妹妹带男朋友回来，哪个考上了名牌大学……

年就是这样，带着强烈的形式主义，像一个强大的吸盘，会在年终岁尾散发出温暖的能量，让离家在外的游子迫切地归家，眼里映着的都是家门口那盏等候的灯火。

母亲最擅于把年过得形式主义，节前早早备年货，室内大扫除，家中一切物什必在年前清洗干净，春联要选吉祥的好彩头，父亲找出大红灯笼、鞭炮灯笼、小彩灯、鲤鱼挂件，一一挂好。而我每年照例要手作几组窗花，红纸或金纸摞成一叠，用美工刀照着画好的样稿一刀刀刻出来，鼠年刻老鼠娶亲，牛年刻牧童骑牛，或是胖娃抱红鲤，贴在自家窗上，也赠他人。外卖的窗花不过几元钱，花样繁复好看，大多是机器压制，少了手作的人情味儿，我倒宁愿自制，好似把这一年的光阴都复刻下来，于是心也是熨帖的。

去年春节在北京姥姥家过，初一更衣梳洗毕，姥爷带领一家人入佛堂，进香、诵经、磕长头，佛堂供佛的是鲜花，大束的百合、雏菊、杜鹃，散发浓浓芳香，卧香盒里香缓慢燃着，飘在空气中是温柔的几缕。我闭目合掌，默念简单心愿，那一年人心浮躁，也唯有那日笃实沉静。想来旧年所求之事均一一降临我身，我曾对这个娑婆世界贪念太重，现在收了心，知晓最平实卑微的福分也这样来之不易了。

拜完佛又拜祖先，姥爷另把一张小供桌设在厅堂，摆几样荤菜、鲜果、干果，几盏白酒，按辈分一一跪拜，我总会好奇酒盅里的白酒为何会很快蒸发，心里碎碎念，祖先这酒喝得真快呢！最后他把坐轮椅的姥姥推上二楼，老夫妻二人在供桌前喃喃说话，我在背后看过去，是一幕昏黄又窝心的风景……

感谢家人会把年过得这样形式主义，让我心怀尊重与感恩，看年头一个个过去，长辈鬓发斑白，而生命繁衍不息，醉心于这样美妙的形式，用一道道吃食把年过出一个年味儿来……

家人送来一大块鹿肉，顿时犯了难。像《红楼梦》那些少男少女在大雪天生个炉子烤来吃，显然在我家不具天时地利。忽然想到拿来做肉脯，可以消耗大量的肉，又可以保存起来慢慢做零食吃。虽然工序有点繁琐，但诱人程度堪比价格不菲的市售肉脯，成就感倍增。

蜜汁鹿肉脯

用到的食材：

鹿肉 1000 克、熟白芝麻 30 克

用到的调料：

黑胡椒 1 勺、生抽 4 勺、老抽 1 勺、香油 1 勺、白酒 1 勺、料酒 2 勺、糖 4 勺、蜂蜜 2 勺、鱼露 2 勺、鸡粉适量、

盐适量

用到的特别工具：

食品刷、比萨刀

做 法：

1. 将鹿肉洗净，清水中加 1 勺料酒，放入鹿肉浸泡 1 小时，倒去血水沥干。将鹿肉用刀剁成细肉馅。

2. 在肉馅中加入黑胡椒、生抽、老抽、白酒、香油、糖、鱼露、鸡粉、盐搅拌均匀后，将肉馅用筷子朝一个方向搅打上劲。

3. 烤盘内铺一层锡纸，把肉馅均匀铺在其上，用橡皮刮刀抹平，厚度约 3 毫米，再在表面铺一层保鲜膜，用擀面杖擀平，冰箱冷藏 1 小时。

4. 将保鲜膜揭去，刷一层蜂蜜，均匀撒上白芝麻，入烤箱 180℃上下火烤 15 分钟。

5. 取出倒出水分和油脂，翻面直接放在烤架上，刷一层蜂蜜，再撒白芝麻，继续烤 15 分钟。

6. 取出放凉，用比萨刀切成长条状即成。

锦食堂小贴士

1. 鹿肉也可换成猪肉、牛肉等红肉，不要过肥。
2. 鱼露也可用蚝油代替。

10. 椒盐炸苏叶——香草传奇

香草这个东西，神秘又繁复，带着大自然的灵性，好似谜一样的女子，若你真要寻一个解，着实要下一番工夫。我太贪心，静不下心来细细研究它们的科属、种类、花期、根茎花叶的用途，以及它们身后种种错综离奇的传说，单单是名字就美得让人醉了。

东方的山茶、山香、山栀、川柏、川贝、川芎、白芷、白薇、白芨、白芍、白豆蔻、紫苏子、决明子、车前子、金樱子、当归、紫苑、半夏、甘草、合欢、贯众、龙葵、天麻、茯苓、黄芪、灵芝、百合、苍耳、雪见、藿香、沉香、青黛、马莲、远志、鸟不宿、藏红花、化橘红、法半夏、款冬花、吴茱萸、牡丹皮、何首乌、辛夷花、金银花、穿心莲、鹿衔草、旋复花、淮山药、夏枯草、夜明砂、红景天……这些名字极美，俳句一般地蛊惑人心，想象旧时药铺，木抽屉上的标签工整地用繁体字写上这些名字，本身就是一副极具形式美感的书法。

西方的罗勒、薰衣草、迷迭香、百里香、艾菊、他里根、金盏花、球茎、琉璃苣、蜜蜂花、荷兰薄荷、苹果薄荷、科隆薄荷、车叶草、黄金鼠尾草、地榆、鼠尾草、法香、细香葱、马鞭草、奥里根奴、马祖林、独活草、罗丝玛利、佛手柑、刁草、聚合草、葫芦巴叶、干咖喱叶、旱金莲、春黄菊、山萝卜、圆当归、牛膝草……带你走进一个幽幽的香草花园，它们忽然成了讲述者，言语平和地讲述一个个温柔、杀戮、生死离别的故事。

说到香草自然想起《红楼梦》，里面有关花草的桥段还真是多，林黛玉的前身即绛珠仙草，晴雯死后丫头劝慰宝玉说她已被封为芙蓉花神，痴情公子还写了长长一首《芙蓉女儿诔》来祭奠她。林黛玉缝给宝哥哥的是香囊，薛宝钗服用的冷香丸是梅花加雪水等制成，贾宝玉有个恶习是爱吃姑娘脸上的胭脂，而这个胭脂也是花瓣做成的呢！此外还有香菱与众丫头们玩"斗草"，这个说我有观音柳，那个说我有罗汉松。豆官说我有姐妹花，香菱说我有夫妻穗……

想是那个年代，没有手机、电脑、PSP、摄像头，姑娘小伙们只有靠花草传情，看的是花草，用的是花草，玩的是花草，写的是花草，画的还是花草，怪不得一个个仙女似的，想是大自然的神奇雨露一浇灌，个个新鲜水灵起来，她们是梦也好，是幻也罢，在我心里都是一个个惊艳的香草美人。

香草实在是太玄妙的事物，触碰香草，定能翻拣出一段段幽怨的故事来，又好似一场命定的爱情，珍贵、孤傲、华丽、危险又致命，总是会有人经不住这些神秘的蛊惑，吞下爱人手中红艳的植物，于是牡丹花下死，做鬼也风流。

长辈家菜园里每年都种一片白苏,知道我爱这口味,每年苏叶长势茁壮时总邀我去园中采摘,刚刚摘下的新鲜苏叶除了马上包烤肉吃或者拌个清爽的苏叶沙拉,最香的吃法是裹面糊炸酥,经热油一炸苏叶的独特香味一下子就被激发出来,入口香酥,欲罢不能。也只有这样变着法子吃苏叶,才不辜负一整个夏天的蓬勃新绿。

椒盐炸苏叶

用到的食材:

苏叶 100 克、鸡蛋液适量、脆炸粉 60 克

用到的调料:

熟椒盐 2 勺、盐适量、植物油适量

做　法:

1. 取一只阔口碗,放入脆炸粉、盐、鸡蛋液、2 勺植物油。

2. 调成酸奶般浓稠的面糊。

3. 新鲜苏叶洗净,用厨房纸巾逐片叶子吸干水分。取一片苏叶捏住叶柄,再将叶片双面均匀蘸上面糊。

4. 奶锅内放较多的油,油烧至八成热时下蘸好面糊的苏叶炸制。

5. 苏叶入锅快速浮起为好,再迅速翻面炸几秒,表面的面糊炸膨大后捞出沥油。蘸熟椒盐食用。

┌─────────────────────┐
　锦食堂小贴士
└─────────────────────┘

1. 熟椒盐的做法：花椒倒入锅内用小火慢慢焙出香味，盛出放凉。锅内倒入盐，用同样方法小火慢炒至盐微微发黄，将放凉的花椒和盐混合加入搅拌机搅成粉状，放在干燥的玻璃瓶内保存。

2. 炸好的苏叶尽快食用以保持酥脆的口感。